অদৃশ্য পলিউটেন্ট

রেবা রায়

BlueRose ONE.com
Stories Matter
NewDelhi • London

BLUEROSE PUBLISHERS
India | U.K.

For permissions requests or inquiries regarding this publication,
please contact:

BLUEROSE PUBLISHERS
www.BlueRoseONE.com
info@bluerosepublishers.com
+91 8882 898 898
+4407342408967

ISBN: 978-93-5989-942-8

Cover design: Rishav Rai
Typesetting: Rohit

First Edition: February 2024

অদৃশ্য পলিউটেন্ট

এই বইটি আমার দ্বিতীয় গ্রন্থ। প্রথম বই 'সূক্ষ্ম দর্পণ'। দুই বই এর মাধ্যমে নিপীড়িত মানুষের কষ্ট এবং উৎপীড়ন করা মুখোশধারী মানুষ সম্পর্কে।

রয়াল সোসাইটির গ্ল্যামারস জীবনধারীরা ভাবতেই পারে না, আলোর উল্টাসাইডের অন্ধকারের কথা। তারা জানেই না কত ক্ষত লোকানো আছে। ব্যাক্তিপূজো করে চলেছে এই সমাজ। মধ্যবিত্ত জনসাধারন চাটুকারিতা, চাপলুসি করে চলেছে বিশিষ্ট ব্যাক্তিদের। গ্ল্যামারস এলিট সোসাইটির মানুষ জন ভাবে সবার জীবনই বোধ হয় এই রকম। তারা প্রিটেন্ড করে তারাই আদর্শ সমাজের ধারক বাহক। তারা ওয়াকিবহাল নয়, কতো মানুষ কতো রকম ভাবে নিপীড়িত হচ্ছে।

সুখী নর নারী নিজেদের জীবন নিয়ে ব্যস্ত এবং এক ধরণের ঘৃণার মনোভাব প্রদর্শন করে নিপীড়িত নারীদের সম্পর্কে। তাদের সাথে বন্ধুত্বের হাত না বাড়িয়ে, হাত গুটিয়ে নেয়। যেই বুঝতে পারে সেই মহিলা স্বামীর দ্বারা নিপীড়িত। অবশ্য এই মনোভাব স্বচ্ছ, সরল, স্বাভাবিক কিছু দরদী জনগণের জন্য নয়। কিন্তু এই সম্প্রদায়, যাদের সিমপ্যাথী আছে মানব জীবনের উপর তারা এনডেনজার্ড হয়ে যাচ্ছে। আমার উদ্দেশ্য মানব দরদী সভ্যতার বিকাশ হউক আর উৎপীড়ন বন্ধ হউক।

উৎসর্গ

স্বর্গীয়া

মেজদিকে

ভূমিকা

এই পৃথিবী জীবের আবাসভূমি, এঁকে বাঁচাও। সমস্ত দিক থেকে ক্ষত বিক্ষত ধরিত্রী মাতা। কিছু এনভায়রনমেন্ট অ্যাক্টিভিস্ট চেষ্টা চালাচ্ছেন। কিন্তু সমগ্র জন মহাসমুদ্রের কত শতাংশ মানুষ সচেষ্ট। মনে হয় 0.000001 শতাংশও হবে না। বৃহত্তর সমাজের বেশ কিছু শতাংশ পলিউশন করছে জেনে, অজান্তে, নানান অজুহাতে। ফেক্টরি, জীবিকা বলে রাজনীতি। সুইডেনের ছোট্ট মেয়েটি, গ্রেটা থুনবার্গ আমার প্রণম্য এবং সকলেরই প্রণম্য হওয়া উচিত। কিছু নিউট্রাল জনসাধারণের হেলদোল নেই। তারা কিছু ভীতু, কিছু অলস, আরামে পারিবারিক জীবনযাপন করে, সমাজে। কিন্তু সমাজের প্রতি দায়িত্ব কর্তব্য কিচ্ছু নেই। এরা অন্ধ। চোখে ঠুলি এঁটে থাকে।

বিশ্বে দুটি জিনিস আছে, মেটার ও এনার্জি। কাজেই যেকোনো গ্রহ, উপগ্রহ, তারকা-মণ্ডল যাই হোক পদার্থ দিয়ে তৈরি, সেখানে আমাদের পৃথিবীতে যা আছে, তারই একটু এদিক-ওদিক। এই পৃথিবীতে সোনা, তামা, লোহা ইত্যাদির মতো অজস্র পদার্থ আছে, জল আছে। ধরিত্রী মাতাকে ক্ষতবিক্ষত করা হয়েছে। রুষ্ট হয়ে ধরিত্রী মাতা জলে ডুবিয়ে ডুবিয়ে মারছে, কোথাও খরাতে মারছে, মানব জাতিকে। কেমোথেরাপিতে যেমন চুল উড়ে যায়, সবুজ শ্যামল ধরিত্রীর কেমোথেরাপিতে উদ্ভিদ জগৎ শূন্য। পৃথিবীর বুকে ফাটল, জলবিহীন। কোন্ ক্র্যাক ক্রিমে ফাটল মসৃণ হবে? এইসব পলিউটেন্ট কার্বনডাইঅক্সাইড, মিথেন ইত্যাদি, অদৃশ্য। ইনভিজিবল পলিউটেন্ট না বলে অদৃশ্য পলিউটেন্ট বলতে ভালো লাগছে। এতে ভাবের মাত্রা একটু বেশী হবে।

আমার এই গ্রন্থের নাম অদৃশ্য পলিউটেন্ট। জল, বায়ু মিট্টির মতো, পারিবারিক জীবন, সমাজ জীবন ও বিপর্যস্ত। গাছেরও খাব, তলারও কুড়াবো, কিছু দূষণকারী মানুষ এই নীতিতে চলে, স্বার্থ সিদ্ধ করে। পূর্বে নারী নিগ্রহ হতো, তখন নারীরা পুরো শ্বশুর বাড়ির অর্থের ওপর নির্ভরশীল ছিলো। যদিও কাম্যনয় কোন নিগ্রহ। এখন শিক্ষিত উপার্জনশীল নারীদের ওপর বিভিন্ন ভাবে অত্যাচার করা হয়। বিয়ে কোন ছেলে খেলা নয়, বা পুতুলের বিয়ে। রোজ ভাঙবে, রোজ হবে। খ্যাপার মত পরশ পাথরের সন্ধানে একটার পর একটা টেস্ট চলবে, কোনটা সাকসেসফুল হবে তার অপেক্ষায়।

কথায় চিবিয়ে চিবিয়ে খাওয়া, পুড়িয়ে পুড়িয়ে মারা, অনেক ক্ষেত্রে জিন্দা লাশ, অনেক ক্ষেত্রে পুরো লাশ। এইসব অদৃশ্য পলিউটেন্টদের চিহ্নিত করে, ইর্যাডিকেট করতে হবে। তবেই ফিউচার জেনারেশন মুক্তির আনন্দে, বিশুদ্ধ বাতাসে বাঁচবে, খেয়ে পড়ে, পারিবারিক সামাজিক সাম্যবাদে।

জবরদস্তি শয়তানি ধর্ম চাপিয়ে দেওয়া হচ্ছে । মূর্খ বানানো হচ্ছে। ধর্ম মানে মানব ধর্ম, সেটা ক্ষুন্ন হচ্ছে। ধর্মের ছত্রছায়াতে সুখী লোক, মানব নিয়ন্ত্রণ করছে।

পরিবার, সমাজকে ক্ষতবিক্ষত করা অদৃশ্য মানব চরিত্র কে দৃশ্যায়ন করতে হবে। এই মুখোশধারী পলিউটেন্ট দের বহিষ্কার করতে হবে। এটমসফিয়ার, জল, মাটি, পরিবার, সমাজের পলিউটেন্টদের নির্মূল করতে হবে। তবেই ক্রিস্টাল ক্লিয়ার সমাজ পরিবার তৈরি হবে।

সূচক

(1)

বিদ্যালয়

"বর্ষে-বর্ষে দলে দলে, আসে বিদ্যামঠ তলে, চলে যায় তারা কলোরবে, কৈশোরের কিশালয় পর্ণে পরিণত হয়-................"

ছাত্রধারা কবিতাটি স্কুল পাঠ্যে ছিল। নীলাঞ্জনা এবং শান্তনু দেরাদুন থেকে ট্রাভেল কোম্পানির কারে যাবার পথে, পাহাড়ি রাস্তার বাঁকে গাড়ি থামিয়ে; পথের ক্লান্তি দূর করতে, একটা ছোট্ট দোকানের কাছে থামে। ছোট্ট দোকানের মালিক হরেক রকম সামগ্রীর সাথে চা, বিস্কুট, ডিম সেদ্ধ বিক্রি করে। যতদূর দৃষ্টি যায় ছোট বড় পাহাড়, দেবদারু ও বিভিন্ন গাছ পালায় প্রকৃতি নিজের সৌন্দর্যকে উজাড় করে মেলে ধরেছে।

চা-বিস্কুট খেতে খেতে অনেকক্ষণ সময় কাটালো তারা। পাহাড়ে সময় কাটানো, তা যেখানেই হোক চা এর দোকানে ও তার সার্থকতা। রাস্তার ধারে দু একটি বাচ্চা ছেলেকে ঝুড়ি নিয়ে পাহাড়ি ফল বিক্রি করতে দেখেছে। চায়ের দোকানের মালিক মধ্য বয়সী। নীলাঞ্জনা আলাপের মাধ্যমে জানল, তার নাম দীপক এবং তার তিন ছেলে ও দুই মেয়ে। বড় ছেলে থাইল্যান্ডে একটা হোটেলে কাজ করে। দুই মেয়ের বিয়ে হয়ে গেছে। দুটি ছোট ছেলে তাদের সাথে থাকে। নীলাঞ্জনা দেখলো রাস্তার ফল বিক্রি করা দুই ছেলে ঐ দোকানে এসে পাপা বলতে লাগলো। নীলাঞ্জনা বলল এরা স্কুলে পড়ে না। দীপক বললো হ্যাঁ ম্যাডাম পড়ে, ঐ পাহাড়ের নীচে একটা

1

স্কুল আছে ওখানে। তাহলে ওরা রাস্তার ধারে ফল বিক্রি করছে, স্কুলে যায়নি? ম্যাডাম পাহাড়ি রাস্তায় যাতায়াতের ৬ কিলোমিটার হেঁটে ওরা প্রত্যেকদিন স্কুলে যায়। ওখানে খাওয়া-দাওয়া করে ফেরৎ এসে, ফল বিক্রি করে। স্কুলের নাম কি? ম্যাডাম স্কুলের নাম 'ভোজন মাতা স্কুল'। ওখানের টিচাররা অনেক দূর শহর থেকে শনিবার এসে পুরো সপ্তাহের রোল কল করে, ঐ দিনই ফেরত যায়। প্রতিদিন ভোজন মাতারা স্কুলের বাচ্চাদের জন্য রান্না করে এবং তাদের খেতে দেয়। তবে পড়াশুনো! ম্যাডাম আমাদের মত মানুষদের কি পড়াশুনা করার উপায় আছে। ঐ এক বেলা খেতে পায় তাতেই খুব আনন্দ।

নীলাঞ্জনা সন্ধ্যায় হোটেলে গিয়ে ভাবতে থাকে ভোজন মাতা স্কুল, সেখানের বাচ্চা এবং তাদের ভবিষ্যৎ। নিজের কথা মনে পড়লো তার বাল্য, কৈশর, প্রাইমারি স্কুল। শান্তনু শুনছো, জানো আমার প্রাইমারি স্কুল। শান্তনুর মন, মদে মগ্ন। শোনার ধৈর্য তার নেই। নীলাঞ্জনা মনের আবেগে বলতে থাকে। ডিস্ট্রিক্ট শহরের তকমা থাকলে কি হবে।বর্দ্ধিষ্ণু গ্রামে এর জীবন অনেক ভালো, এই শহরতলীর রেলওয়ে কলোনির থেকে। নিজের চাকরি পার্মানেন্ট করার জন্য স্কুলের এফিলেশনের দরকার। তৃষ্ণা দিদিমণি, কলোনির বাড়ি বাড়ি ঘুরে ছেলে ধরার মতো বাচ্চা ধরে। বাচ্চা চাই, না হলে চাকরি নাই। রেল কলোনির প্রাইমারি স্কুল। একটি ক্লাসরুম, একজন টিচার, পাঁচটি ক্লাস, শিশু শ্রেণী থেকে চতুর্থ শ্রেণী। টিফিনে বাড়ি এসে কোন বাচ্চাই স্কুলে যায় না। এক রুম, এক টিচার, বিভিন্ন শ্রেণী। তাই রোল কল করতেই এক ঘন্টা কেটে যায়। তারপর কিচির-মিচির সামলানো। সব ক্লাসের একটিই পড়া, দুই এর থেকে দশ পর্যন্ত নামতা মুখস্ত। একটি বড় ছেলেকে দাঁড় করিয়ে, সে এক লাইন বলে, সাথে সাথে সমস্ত বাচ্চা অনুকরণ করে। তারপর ছুটি-বাড়ি।

নীলাঞ্জনা বলতে লাগলো তার স্মৃতির বাক্স খুলে। বুঝলে শান্তনু, একদিন আমি কিছুটা দূর থেকে দেখতে পেলাম একটা লম্বা লাইন আমাদের স্কুলের বাচ্চাদের নিয়ে এগিয়ে চলেছে। আমিও গিয়ে ঐ লাইনে যুক্ত হয়ে চলতে থাকি, তখন দ্বিতীয় শ্রেণীতে পড়ি। লাইনটি চলতে চলতে রেলস্টেশনের ওভার ব্রিজে উঠলো। ওপর থেকে রেল ইয়ার্ডে সবার চোখ, সাথে দিদিমণি।একটি মানুষের শরীর লাইনের একদিকে, অন্যদিকে মাথা, জায়গাটাতে তাজা রক্ত। তীব্র ভয় আর দুঃখের সাথে ফেরৎ আসার রাস্তায়, কলোনির এক কাকু, যিনি রেশন দোকানে কাজ করতেন জিজ্ঞাসা করলেন "তোরা স্কুলের সময় লাইন করে কোথা থেকে ফেরৎ আসছিস?" উত্তর শুনলো একটি মানুষ রেলে কাটা গেছে, দিদিমণি দেখাতে নিয়ে গিয়েছিলেন। শুনে কাকু বললেন "যাক একটা লোকের রেশন পৃথিবী থেকে কমলো"।

বুঝলে শান্তনু, দিল্লি স্কুলে আমাদের বাচ্চাদের নিয়ে দিল্লি দর্শন করাতে হতো।

একদিন স্কুলে রোল কল করছেন আমাদের দিদিমণি, একটা বীভৎস গোঙানির ঘনঘন আওয়াজ আমরা শুনতে পেলাম। পাশেই রেলওয়ের ডিসপেন্সারি ছিল। বিদ্যালয়ে অগাধ স্বাধীনতা, ছোট ছোট বাচ্চারা রুমে বদ্ধ হবার জীব নয়। যে স্কুলে বাউন্ডারি, গেট, দারোয়ানের কোন কনসেপ্ট ছিল না। একটা রুম, একজন দিদিমণি, পাঁচটি ক্লাস, কিচিরমিচির, পড়াশুনা মানে দুই থেকে দশ অবধি নামতা। ডিসপেন্সারিতে গিয়ে দেখি একটা কালো মতো লোকের দুটি পা, কাটা, আলাদা হয়ে পাশে রাখা। কম্পাউন্ডার ছিল, ডাক্তারবাবু ছিল না। কম্পাউন্ডার সুবোধ দা লাল মারকিউরোক্রেম লাগাচ্ছে কাটা অঙ্গে। শুধু অদ্ভুত গোঙ্গানি।

সন্ধ্যাবেলায় কৌতূহল বসে মেজদির সাথে গিয়ে দেখি নিথর শরীর কোন শব্দ নেই, ধারেপাশে জনপ্রাণী নেই, শেষ।

এই প্রাইমারি স্কুল, ঘরে যা মা দিদির কাছে প্রাথমিক শিক্ষা।

নীলাঞ্জনার সেকেন্ডারি স্কুলের অভিজ্ঞতা শোনাতে লাগলো শান্তনু কে। শান্তনুর চোখে মদের ঘোর, হাতে মদের গ্লাস, পাশে মদের বোতল ও ননভেজ স্ন্যাক্স। হুঁশ থাকতেই কথা শোনে না এখন তো বেহুঁশ। নীলাঞ্জনা বলে চলেছে রেল কলোনি থেকে প্রায় সাড়ে তিন চার কিলোমিটার দূরে মিশনারি স্কুল, মিশনারি কলেজ এর বাউন্ডারি পার করে, স্কুলের বাউন্ডারি। ঐ শহরের পস এরিয়া। ডাক্তার, প্রফেসর, বিভিন্ন আধিকারিক, বিশিষ্ট শ্রেণীর কলোনি, স্কুলের তিনদিকে বিস্তৃত। সেখানে বিশিষ্ট শ্রেণীর বাচ্চাদের সমাদর হয়। রেল কলোনীর ধুলো মাখা বাচ্চাদের হীনন-মন্যতা থাকে। এলিট ক্লাসের বাচ্চা, বাবা-মা রা উচ্চ শিক্ষিত। বাচ্চাদের ভবিষ্যৎ সম্পর্কে অত্যন্ত সচেতন। ড্রেস, চেহারার চাকচিক্য। প্রাইভেট টিউটরদের কৃপায় বছরের প্রথমেই সারা বছরের পড়াকে অত্যন্ত সুস্বাদু শরবত করে খাইয়ে দেওয়া। ক্লাস রুমে এলিট বাচ্চাদের পারদর্শিতা পর্যবেক্ষণ করে খুশ টিচার। নিজেদের পড়ানোর কষ্ট করতে হয় না। পোলারাইজেশন শুরু হয় পঞ্চম শ্রেণী থেকে। এইভাবে পঞ্চম, ষষ্ঠ শ্রেণীর পর সপ্তশ শ্রেণীতে উঠি। বিজ্ঞানের টিচারকে প্রশ্ন করি "মাস্টার মশাই বজ্র নিরোধকের তারটাতে বাল্ব লাগালে, বাজ পড়ার সময়, বাল্ব টা জ্বলবে"। মাস্টারমশাই খুব খুশি, প্রশ্ন শুনে, উত্তর না দিয়ে প্রচন্ড তারিফ, এত ছোট বয়সে এই প্রশ্ন। শৈশব থেকে নীলাঞ্জনার মনে প্রশ্নের বোঝা। তার বাবাকে সদা সর্বদা নানা প্রশ্ন করে। বাবাই তার একমাত্র বন্ধু। নবম শ্রেণীতে বিজ্ঞান বিভাগে ভর্তি হবার পরীক্ষায় উত্তীর্ণ হয়ে বিজ্ঞানের ছাত্রী।

এলিট সহপাটিরা স্কুলের আশে পাশে থাকে। সচ্ছল, সচেতন পিতা মাতা, শহরের শ্রেষ্ঠ টিউটরদের অক্লান্ত পরিশ্রম, এলিট স্টুডেন্টদের জন্য। এদিকে বহু দূরে যাতায়াতের সাত আট কিলোমিটারের ক্লান্তি ও সময় ব্যয়। পিতা-মাতার আর্থিক দূরগতি

ও দূরদৃষ্টির অভাবে ধুলো মাখা মলিন স্টুডেন্ট। এই স্কুলের আর্টস বিভাগের শিক্ষিকারা পারদর্শী, কিন্তু বিজ্ঞান বিভাগ অজ্ঞান। অঙ্কের শিক্ষিকা এসে বই খুলে প্রশ্ন মালার কতগুলি অঙ্ক ক্লাসে করতে বলে দিতেন। এবং পূর্ব দিনের দেওয়া হোমওয়ার্ক দেখতে এত ব্যস্ত, যে চল্লিশ মিনিটে উঠে বোর্ডে অঙ্ক বোঝানোর সময় পেতেন না। বেঁচে যেতেন। এলিট দের ভুষশি প্রশংসাতে নিজের অজ্ঞতা এবং মেহনত বাঁচানো। বেচারা গরিব ছাত্ররা কমপ্লেক্স নিয়ে বাড়ি যায়। তাদের টিউটার নেই, অর্থ নেই, হেঁটে ক্লান্ত শরীর, সময়টাও গ্রাস করে পথ।

গাছের পাতায় রোদের ঝিলিকে রসায়ন শিক্ষক, বাংলা শিক্ষিকার সাথে, প্রেমের কেমিস্ট্রির জন্য গাছ তলায় রসায়ন ক্লাস নিতেন। পাঠ্যের রসায়ন, রসাতলে গেল।

পদার্থবিজ্ঞানের অপদার্থ শিক্ষক খালি ধমকের শব্দ তরঙ্গ নিক্ষেপণ করতেন। এভাবে তিন বছরের হায়ার সেকেন্ডারির বোর্ডের পরীক্ষা। প্রতি বিষয়ে শ্রেষ্ঠ টিউটরের হাতে, বছরের শুরুতে পাঠ্য তরলাকৃত পানীয় হয়ে মস্তকে গেঁড়ে বসলো, এলিট দের। রিক্যাপিচুলেশন হতে থাকলো পর্যায়ক্রমে। শক্ত কাঠামো নিয়ে তারা মেডিকেল ক্র্যাক করে এবং উচ্চ সমস্ত এলিট ব্র্যান্ডেড শিক্ষা প্রতিষ্ঠানের দরজা খুলে গেল তাদের জন্য। মার্কশিটে প্রাইভেট টিচারের নাম খোদাই করা থাকে না। ধুয়ে মুছে যায়, ক্রেডিট এলিট শিক্ষার্থীদের।

নীলাঞ্জনা সেই শহরের যেটা নামকরা কলেজ সেখানে পিওর সাইন্সের ছাত্রী হিসেবে প্রবেশ করে। ইংলিশের জ্ঞান খুব কম। B.SC র মিডিয়াম ইংলিশ। নৃতন করে টারমিনোলজি শেখা এবং ইংলিশ মিডিয়ামের ভয়। তারপর শহরের জেলা স্কুলের সেরা পুরুষ ছাত্রদের কাছে লজ্জা, ক্লাসে পিছিয়ে পড়ার ভয়, শহরের শ্রেষ্ঠ স্কুলের ছাত্রদের সাথে পড়া। দিদির উৎসাহ, "পাড়ার ন্যার পোস্ত

(একটি ভোঁদাই ছেলের বিকৃত নাম) যদি পড়তে পারে ইংলিশ, তুই পারবি"। মনের প্রবল জোরে সুনাম কেনে নিলাঞ্জনা। সমস্ত প্রফেসরের প্রিয় ছাত্রী। অন্য কলেজের প্রফেসররা প্র্যাকটিক্যাল পরীক্ষা নিতে এসে ভূয়সি প্রশংসা করে। এইভাবে সে B.SC পরীক্ষায় খুবই ভালো নম্বরের সাথে ন্যাশনাল স্কলারশিপ এর সাথে B.SC পাশ করে। পরে B.Ed এবং B.A।

শান্তনু শুনছো। এতে শোনার কি আছে? খালি স্কুল, কলেজ, বই। নীলাঞ্জনা, ও তোমার তো বিদ্যাতে এলার্জি আছে, ভুলে গিয়েছিলাম। সরি, তোমার গায়ে তো চুলকুনি বেরিয়ে যায়।

পরের দিন নীলাঞ্জনা শহর পরিক্রমা করতে একলাই একটা অটো ভাড়া করে বেরিয়েছে। বিখ্যাত ডুন স্কুলের পাশ দিয়ে যেতে যেতে ভাবছে। বিশাল স্কুল, বিশাল, তার বাউন্ডারি। কতো ছাত্র এখান থেকে পড়ে কেমব্রিজ, অক্সফোর্ড, হাবার্ড ইত্যাদি বিদ্যার পিঠ স্থানে উচ্চতম বিদ্যার্জন করতে পেরেছে। এখানে শুধু পড়া নয়, জীবন এর বিভিন্ন তর তরিকা শেখানো হয়, যা মধ্যবিত্ত, গরিব ঘরের বাচ্চার কল্পনাতিত। খেলতে খেলতে, মজা মারতে মারতে কত কিছু শিখে যায়। ডিসিপ্লিন, এড়ুকেশন, লাইফ স্কিল। এইরকম স্ট্যান্ডার্ড এর স্কুল দার্জিলিংয়ের ডাওহিল, না জানি আরো কত আছে ধনিক শ্রেণীর বাচ্চাদের, পৃথিবী সেরা বানানোর জন্য।

এরপর আরো নিচের ধাপে ধাপে ধনিক শ্রেণীদের স্কুল আছে। কনভেন্ট আছে। চাকুরীর ক্ষেত্র ও বিবাহের ক্ষেত্রে, বিশিষ্ট নির্বাচনের সুযোগ করে দেয় এই সমস্ত বিদ্যালয়।

বিদ্যালয়, মহাবিদ্যালয়, বিশ্ববিদ্যালয়, বিদ্যামন্দির, মঠ, গুরুকুল সবারই কাম্য বিদ্যাবিতরণ করা, শিক্ষিত, মার্জিত স্বচ্ছ, সত্যবাদী, দরদী মানুষ তৈরি করা।

বিনা পরিশ্রমে মাতৃভাষা শেখার মত ইংরেজি ভাষা শেখার সৌভাগ্য কতজনের আছে? যাদের শেখার ইচ্ছে আছে, অনেক পরিশ্রম করেও শিখতে পারেনা। ট্যালেন্ট থাকা সত্ত্বেও সময় ও সুযোগের অভাব। বিভিন্ন বিষয়ে ট্যালেন্ট, বিশেষত বিজ্ঞান ও গণিত ভয়ংকর কঠিন বিষয়, তাতে দক্ষতার পর ও পরাজিত। ভারতবর্ষ ছাড়া পৃথিবীর অন্য দেশের পরিস্থিতি আলাদা। সেখানে ইংরাজিতে কথা, না বলতে পারাটা কোন কমি ভাবে না, তাদের চিন্তার মধ্যেই নেই, এই ধরনের ন্যাস্টি চিন্তাধারা।

ভারতবর্ষের অনেকে তাদের অশিক্ষিতের চোখে দেখে যারা ইংরাজিতে কথা বলতে পারেনা। অন্যকে লজ্জায় ফেলার জন্য, অনেকেই ব্যতিব্যস্ত থাকে। ইংলিশে কচকচানি কনভারসেশন, ইংলিশ না জানা জ্ঞানী লোকের কাছে, এবং প্রতিপন্ন করে তুমি অশিক্ষিত। ইংলিশে কথা বলতে না পারা মানুষ, ইনসিকিউরিটি এবং ইনফিরিয়রিটি কমপ্লেক্সে ভুগতে থাকে, আমৃত্যু।

সামাজিক রেপুটেশনের জন্য ইংলিশ বলা, ফর্সা, সুন্দর, গান গেয়ে ওঠা, রসালো হিউমার, গল্প-ফাঁদানো এক্সট্রোভার্ট এর কাছে পরাজিত শিক্ষিত লাজুক ইন্ট্রোভার্ট। বিদ্যার প্রপার ইভেলুয়েশন হয় না।

গ্রামে গ্রামে বিদ্যালয় প্রতিষ্ঠা করছি বলে রাজনৈতিক লাভ উঠানো যায়। দায়সারা কাজ, প্রসিদ্ধির নামে, পলিটিক্স করে, দেশের তারক্কি করছে বলে প্রচার প্রসার। সত্যি শিক্ষা লাভের জায়গা কোথায়? ক্রিম এডুকেশন পেয়ে বুড়ো ক্র্যাটস, এলিট সমাজের সভ্য, না শিক্ষালাভ করেছি ভেবে বয়স বাড়ানোর পর শ্রমিক বা সাধারণ কর্মচারী, মধ্যবিত্ত, নিম্নবিত্ত এলিট ক্লাসের তকমা নেই।

গরিব লোকের বিদ্যালয়, মহাবিদ্যালয়, কাইক পরিশ্রম করেও গরিব লোক, যে তিমিরে সেই তিমিরেই থেকে যায় শূন্য হাতে, দিনের শেষে ঘুমের দেশে তলিয়ে যায়।

(2)
লাইসেন্স

জায়গাটা নির্জন নদীর ধার, খুব পুরনো শ্মশানকালী মন্দির। পাশেই বটগাছ। বিশ্রামের জন্য বটগাছ বেস্টন করে সিমেন্টের বাঁধানো উঁচু বসার স্থল। মন্দিরা, স্বামী রজতকে নিয়ে পূজা দিতে এসে, পুরোহিতের অপেক্ষায়, বট বৃক্ষ মূলে বসে অপেক্ষারত। সন্ধ্যে ঘনিয়ে এসেছে। কোথাও কারোর দেখা পাওয়া যাচ্ছে না। স্বামী স্ত্রী দুজনেই ভয়কে বিদ্রুপ করে। বলিষ্ঠ গঠন,সুস্বাস্থ্য, মানুষকেও ভয় পায় না। তাই বসে থাকতে আপত্তি নেই।

মন্দিরা- রজত শুনতে পাচ্ছ, কারা তর্কাতর্কি করছে।

রজত- হ্যাঁ, কিন্তু কাউকে তো দেখতে পারছি না।

তারা শুনছে, দুজনের কথোপকথন একটি তরুণ কণ্ঠ "বাবা তোমার নাম কে বিশ্বনাথ রেখেছিল! কারোরই নাথ হবার যোগ্যতা নেই বিশ্বের নাথ? দারিদ্রকে মাহাত্ম্য দিয়েছ, নিজের অলসতা কে চাপা দিয়ে, চালাকি করে এসেছ। তোমার যা বেতন, তাতে একটু ভদ্র গোছের জীবনযাপন করতে, একজনের জন্যই যথেষ্ট নয়, তাতে বিয়ে করে আধ ডজন-বাচ্চা এই যুগে জন্ম দিয়ে বিন্দাস, ব্রহ্মচারীর মতো নিজেকে সাজাও। অত্যন্ত রুগ্ন মাকে বারবার গর্ভধারণ, প্রসব, বাচ্চা পালনে নিযুক্ত করা, এই তোমার কার্ল মার্কস এর সাম্যবাদ। নিজেকে তো বড়ো পেট নিয়ে ঘুরে বেড়াতে হয়নি। প্রসব যন্ত্রণা, নগ্ন দেহ কে দাই এর হাতে তুলে দেওয়া, দুগ্ধ পান

করানো, বাচ্চা পালন করতে হয়নি। যতো লজ্জা পরিবার পরিকল্পনা দপ্তরে গিয়ে নিজেকে এই বিষয়ে শিক্ষিত করতে, কেউ যদি দেখে নেয়। ফ্যামিলি প্ল্যানিং দপ্তরে গিয়েছি, তাদের সাথে এই ব্যাপারে কথা বার্তা বলতে যতো লজ্জা। রুগ্ন স্ত্রীকে প্রেগনেন্ট করতে লজ্জা নেই। এরপর আসে খাওয়া-পড়া, জামা কাপড়। একটু ক্রিম এডুকেশনের জন্য অনেক অর্থ লাগে। একটু বড়ো একোমোডেশন এ থাকা, তা, না ছোট্ট রেল কোয়াটারে। প্রতিবেশীদের থেকেও আর্থিক সংকোচন। কারণ প্রতিবেশী কাকারা চুরি করে কিছুটা আর্থিক স্বচ্ছলতা রাখতো। আর আমরা একদম বস্তি অঞ্চলের বাচ্চাদের মতো। তোমার তো আদর্শে বাঁধে চুরি করতে। তুমি পাশের বাড়ির ঘোষ জেঠুকে বিদ্রুপ করতে, ওয়ান টেন্থ অফ কুরু বংশ বলে। কারণ ঘোষ জেঠুর দশটি ছেলেমেয়ে। কিন্তু আমাদের থেকে ভালো জামা কাপড়ে পড়তে, ড্যোসিং বাবার দয়ায়। যাক খাওয়া-দাওয়া জামা কাপড়ে মোহ আমাদের ছয় ভাই বোনের নেই। কিন্তু তুমি এতো পড়াশোনা ভালোবাসো, আমাদের ক্রিম এডুকেশন দিতে পারলে না। আমার থেকে পড়াশোনায় শতগুণে খারাপ অরুণ এম. বি. বি. এস এ ঢুকল। আর আমি সাত কিলোমিটার হেঁটে B.sc ক্লাসে ঢুকলাম। বড় ডাক্তার হবার কত শক ছিল। কিছুই হতে দিলে না।"

এবার বৃদ্ধ কণ্ঠ "দেখ অপূর্ব, কি করব? পয়সা ছিল না।"এবার অপূর্বর কণ্ঠ স্বর, "তাই তুমি বোকা বানাতে যারা প্রাইভেট টিউটার রাখে তারা বোকা হয় বলে, যাদের বুদ্ধি থাকে তারা নিজেরাই পড়ে। আমাদের বোকা বানিয়ে নিজের গা বাঁচাতে। সেল্ফ স্টাডি ইস দ্য বেস্ট স্টাডি। বড় বড় কথা। আসল কথা হল বাবা-মা হওয়ার জন্য লাইসেন্স দেওয়া উচিত সরকারের। যে এরা বাবা-মা হবার যোগ্য কিনা।"

হঠাৎ শ্মশানের সাধু পুরোহিতের কণ্ঠস্বরে, মন্দিরা তাদের পরিচিত পুরোহিত কে দেখল। ঠাকুরমশাই আমরা পূজো দিতে

এসেছি। তবে এখানে কাউকে দেখতে পারছিলাম না, কিন্তু তর্ক চলছিলো এক বৃদ্ধ ও তার পুত্রের সাথে। বৃদ্ধের নাম বিশ্বনাথ ও পুত্রের নাম অপূর্ব।কি ! কি বললে তোমরা ! পুরোহিত মশাই আঁতকে উঠলো।

জানো বেশ কিছু বছর আগে দুই শব দেহ আসে পিতা-পুত্রের। তাদের নাম বিশ্বনাথ ও অপূর্ব। এখানে তো শ্মশান আছে। চিতার উপর উঠানোর আগে মা কালীর সম্মুখে পুরোহিত মহাশয় কিছু পারলৌকিক কাজ করেন। তারপর তাদের দাহ করা হয়। এই শব দুইটির সাথে অনেক মানুষজন এসেছিলো। আত্মীয় ও প্রতিবেশী। তাদের কাছ থেকে আমার শোনা, পুরোহিত মহাশয় বললেন।

তিনি বলছেন খুবই ভদ্র পরিবার। বাবা আদর্শবান, পরিবারের সকলের মধ্যে খুব মধুর সম্বন্ধ। পিতা-মাতার উপর খুবই শ্রদ্ধা। কিন্তু এই অপূর্ব ডাক্তারি পড়তে না পারার জন্য পিতার আর্থিক দুর্বলতাকে কারণ ভেবে একদিন রাগের মাথায় সে তার বাবাকে খুন করে এবং নিজে মনঃস্তাপে নিজেকে মেরে ফেলে। কি বলবো মা, রাগ ভয়ংকর জিনিস। রাগে মানুষ চন্ডাল হয়ে যায়; বুদ্ধি বিবেক লোপ পায়। কিন্তু বলত কি মা যাদের এরকম পরিস্থিতিতে থাকতে হয়, তাদের রাগ খুব স্বাভাবিক। আমরা বাইরের থেকে ক্ষত দেখতে পাই না। ক্ষতের যন্ত্রণা উপলব্ধি করতে পারি না। তাই খুব সহজে উপদেশ দিই, রাগ করোনা। যাক বাবারা তোমাদের পূজাটা আমি সেরে ফেলি। কারণ অন্ধকার হয়ে গেছে। তোমাদের বাড়ি ফিরতে হবে।

বাড়ি ফেরার পথে মন্দিরা রজত দুইজনই ঘেমে গেছে। ভাবছে অতৃপ্ত আত্মা। এখনো রাগে তারা এই শ্মশানে তর্ক করে। দারিদ্র বড় অভিশাপ। তার ওপর অলসোতা আর নিরবুদ্ধিতায় ডেকে আনা দারিদ্র, অভিশাপ নয়, পাপ।

রাতে খাবার টেবিলে মন্দিরা রজতকে বলতে থাকে, দেখো ডাক্তার, ইঞ্জিনিয়ার, I.A.S, I.P.S ইত্যাদিতে ভর্তি হবার জন্য এন্ট্রান্স এক্সাম ক্র্যাক করতে হয়। জীবনের বেশ কিছু বছর, প্রতিদিনের হিসেবে পনেরো থেকে আঠেরো ঘন্টা মনঃসংযোগ করে বইয়ের পাতায় ডুবে থাকতে হয়, তবেই তার স্কিল যাচাই হয়। অন্যান্য অনেক জব, প্রফেশন, টিচিং, ব্যাংক, রেলওয়ে ইত্যাদিতে ভয়ংকর কম্পিটিশনের ভিতর দিয়ে যেতে হয়। বিয়ে করতে কোন ট্রেনিং এবং লাইসেন্স এর দরকার হয় না। গাড়ি চালানো শিখে তারপর লাইসেন্স প্রাপ্ত করতে হয়। জীবনের গাড়ি অত্যন্ত ডেলিকেট, এখানে ডিরেলমেন্ট অ্যাক্সিডেন্টের সম্ভাবনা প্রতিমুহূর্তে। কারণ দুটি বিভিন্ন পরিবার থেকে, আসা নারী পুরুষ। তাদের মানসিক গঠনের কোন মেজারমেন্ট হবে না। তারা কি কমপেটিবেল। একই পটরিতে ইঞ্জিন হয়ে বাচ্চা সমুদায়ের কম্পার্টমেন্ট নিয়ে সঠিক গতিতে এগানোর ক্ষমতা আছে। মারামারি গালিগালাজ নির্যাতন, তো সব কম্পার্টমেন্ট সমেত ডিরেল মেন্ট, বাচ্চার কম্পার্টমেন্টও অ্যাক্সিডেন্টের কবলে। মা বাবার হবার ক্ষমতা তে কোন যোগ্যতার দরকার হয় না। কেন? বিয়ের পর এত অশান্তি ডিভোর্স, মেরে দেওয়া কি কাম্য কোন সমাজে, পরিবারে? বাচ্চার সামনে ব্যভিচারী বাবা, তার স্ত্রীকে মারধর করে তার লাইফ স্পয়েল করে, এটা কি কাম্য, কোন norms থাকবে না?

রজত তার মানে হচ্ছে, বিবাহ একটা ট্রেনিং ইনস্টিটিউশন থেকে ট্রেনিং করে, লাইসেন্স প্রাপ্ত হয়ে বিয়ে। এখানে পাত্র পাত্রীর

উভয়ের শিক্ষাগত যোগ্যতার official verification করা, character certificate এর দরকার,medical report যেটা বেশি করে exam করবে সে LGBT কিনা, কারন LGBT র কিছু অংশ ছুপা রুস্তম, ঠগিয়ে straight কে বিয়ে করে বসবাস করতে থাকে এবং নিজেদের মনমানি ঘরে বাইরে করতে থাকে।

মন্দিরা- এই ক্ষেত্রে তাদের মেডিকেল এক্সাম, সাইকোলজিক্যাল টেস্ট, সত্যবাদিতা, ট্রান্সপারেন্সি টেস্টের দরকার। পুলিশ ভেরিফিকেশন এর দ্বারা জানা যাবে তার ব্যাকগ্রাউন্ড, কোন্ কোন্ স্কুল কলেজ থেকে পড়া। যাতে চিটিং করে বিয়ে করতে না পারে।

রজত- গাড়ি চালাতে গেলে লাইসেন্সের দরকার। ডাক্তারদের লাইসেন্স নাম্বার দেওয়া হয়, দোকানের, মদের দোকানের ইত্যাদি বিবিধ জায়গায় লাইসেন্স।

মন্দিরা- কিন্তু যেখানে আসলে লাইসেন্সের দরকার, সেখানে কেন নেই এই লাইসেন্স? ম্যারেজ ট্রেনিং ইনস্টিটিউট থেকে ডিপ্লোমার পরেই বিয়ে হওয়া। সেখানের সিলেবাসে সেক্সুয়াল রিলেশন বোঝানো হবে। পাত্র পাত্রীর ইমোশন, চরিত্র গঠন, ইত্যাদি ব্যাপারে জানানো এবং উপদেশ। পরিবার পরিকল্পনা প্রোগ্রাম, স্বাস্থ্য সম্মত যৌন কর্ম। বাচ্চা হবার পর তার চোখের সামনে যেন কোনরকম সেক্স এক্টিভিটিস না হয়, বাচ্চার মনে গভীর বিতৃষ্ণা জন্মাবে পিতা মাতার উপর এবং সেও অনেক ক্ষেত্রে বখে যাবে।

রজত- অর্থাৎ educational certificate verification, Medical Check up, blood group, character certificate, police verification ইত্যাদি তো।

মন্দিরা- হ্যাঁ, তারপর সংসারের কাজকর্ম, শরীর সময় স্বাস্থ্যর উপর নির্ভর করে পারস্পরিক সহযোগিতা, উভয় পক্ষের মাতা পিতার সঙ্গে সমান সম্মান ও কর্তব্য। বাচ্চারা বড় হবার পর শুধু কথায় কথায় ঠাকুরমা, ঠাকুর দাদা, পিসি, কাকা, জ্যাঠা থাকবেন, আর দাদু, দিদা মামা, মাসী বাদ পড়বে তা হবে না। কোনরকম এক্সট্রা ম্যারিটাল থাকবে না। স্বচ্ছ, সরল প্রেমের সম্বন্ধ। এক্সট্রা ম্যারিটাল এর লক্ষণগুলো বোঝানো হবে, যাতে এক পক্ষ নির্মল, শান্ত ভদ্র এবং না জানার জন্য ঠকতে থাকবে, তা হবে না।

রজত- আমার অফিসের অনেকেই ছুটির পর বাড়ি না গিয়ে এদিক ওদিক চলে যায়। স্ত্রীকে মিথ্যা কথা বলে। এবং ট্যুরে যাচ্ছি বলে বান্ধবীকে নিয়ে অন্য কোথাও বেরিয়ে আসে। এটা একটা ট্রেন হয়ে গেছে। এতে বাহাদুরি ভাবে। স্ত্রী সন্তানের কাছে মুখ পোড়াতে লজ্জা নেই।

মন্দিরা- অনেক বাড়িতেই মিথ্যা কথা বলে বিয়ে দেয়। বেশিরভাগ পাত্রপক্ষ। অশিক্ষিত পারভার্ট ছেলের পরিচয় গোপন করে বিয়ে দেয়। এই ভেবে, একবার বিয়ে হয়ে যাক, পাত্রীপক্ষ ভদ্র নিরীহ আর পালাতে পারবে না। পাকাপাকি বিয়ের যন্ত্রনা ভোগ করবে। নারকটিস এবং সাইকোলজিক্যাল টেস্ট করে যেমন খুনি ধরা হয়, সেই রকম টেস্ট করে বিয়ে দেওয়া উচিত। বিয়ে একটা পবিত্র বন্ধন, সেই বন্ধন কে রক্ষা করার জন্য টেস্ট দরকার। যদিয়ং হৃদয়ং মম, সাতপাক আগুন সাক্ষী করার পরও ঠকানো। কাজেই লাইসেন্স। মেয়েদের তিনটে ক্যাটাগরি করা যায়। অনেকের মধ্যে নিরললজ্জাপনা থাকে, অনেকে স্বাভাবিক ছন্দের থাকে। কিছু অন্তত লজ্জাশীল, বোকা, এদের বোঝানো হবে বিয়ে কোন পাপ নয়, বাচ্চা জন্ম দেওয়া পাপ নয়, লজ্জার নয়, এটা জন্মসিদ্ধ অধিকার।

রজত- আমরা আমাদের ভারতের কথা যদি ভাবি, এত বড় দেশে কিভাবে সম্ভব?

মন্দিরা- কেন? যেমন শাসনব্যবস্থা কেন্দ্র, রাজ্য, জেলা, নগর, গ্রাম ইত্যাদিতে পরিচালনা হয়। বিদ্যার ব্যবস্থা, আইনি, স্বাস্থ্য ইত্যাদি ব্যাপার যেভাবে বন্টিত হয়; এই কর্মশালাও সেইভাবে গ্রাম স্তর, শহর, জেলা ইত্যাদিতে হবে। এই বিশাল দেশে যেভাবে আইডেন্টিটি কার্ড সকলের জন্য বানানো হয়েছে।

রজত- যারা শিক্ষিত শ্রেণী নয়, কর্মী, কৃষক, লেবার, এদের কিভাবে হবে?

মন্দিরা- সমানে-সমানে হবে। সেখানের শিক্ষার দিকটা থাকবে না, অন্য সকল বিষয়বস্তু থাকবে। অনেক বিয়ে হয়ে যায় শিক্ষিত মেয়ে, মূর্খ অশিক্ষিত ছেলে। এটাকে বন্ধ করতে হবে, তাই এডুকেশন সাটিফিকেট প্রডিউস করতে হবে।পাত্রী-পক্ষ লজ্জায় এই প্রস্তাবটা করে না।

রজত- তাহলে who will bell the cat.

মন্দিরা- চল আমরা দুজন মিলে নব দম্পতির কাউন্সিলিং করার সংস্থা শুরু করি। তাদের বিষয় জানা ও বোঝান।

রজত- কেন আমরা কি বুড়ো বুড়ি দম্পতি।

মন্দিরা- দেখ বয়সটাই সব সময় বড় হয় না। তোমার আমার, মানসিক পরিপক্কতা আছে এবং সেই ভাবেই আমরা দুজন দুজনকে নির্বাচন করেছি। এখানে ক্রিস্টাল ক্লিয়ার সম্পর্ক।

রজত- চলো অনেক রাত হলো, এবার শুতে হবে।

রবিবার সন্ধ্যায় প্রতিবেশী বন্ধু প্রভাত, সস্ত্রীক এসেছে। কফি এবং ভেজ ননভেজ বিভিন্ন প্রকার স্ন্যাক্স মিষ্টি দিয়ে সম্ভাষণ।

রজত বলতে থাকে গতকালের মন্দিরের অভিজ্ঞতা। শুনে প্রভাত ও তার স্ত্রী বেলার গায়ের লোম খাড়া হয়ে যায়। বেলা বলে, দেখো তোমরা এবং আমরা বিয়ের এত বছর পরেও বাচ্চার ব্যাপারে চিন্তা করি না। একটা বাচ্চা পালনের, সঠিক শিক্ষা দেবার পয়সা তোমাদের এবং আমাদের আছে। তাও ভয়, বাচ্চাকে ঠিকমতো সময়, যদি না দিতে পারি। তার কম্পানির দরকার। এখানে মন্দিরা এবং আমি দুজনেই ওয়ার্কিং। ইউরোপিয়ান এবং পৃথিবীর অনেক দেশেই নব দম্পতি বাচ্চার জন্ম দিতে তেমন ইচ্ছুক নয়। সেই জন্য সেই সব দেশে বাচ্চা পপুলেশন কমে যাচ্ছে। বৃদ্ধ বৃদ্ধার পপুলেশন অনেক বেশি। ভয়, বাচ্চা যদি পালন করতে না পারি। আর দেখো

আমাদের দেশে বিয়ের নয় মাসের মধ্যেই বাচ্চা তৈরি কারখানা সক্রিয়।

প্রভাত কাল তোমাদের যে অভিজ্ঞতা হয়েছে, সেটা কত মর্মান্তিক। সুষ্ঠ সুন্দর সংসার, এই বিপর্যয় কেননা, পিতার কম অর্থ উপার্জন এবং শৈথিল্য ও আদর্শ। কিন্তু বাচ্চার সংখ্যা কম নয়।

মন্দিরা- বিয়ের লাইসেন্স ট্রেনিং এর মত পিতা মাতা হবার ট্রেনিং এবং লাইসেন্স এর দরকার। বাচ্চা জন্ম দিয়ে ক্ষান্ত পিতা মাতাকে লাইসেন্স দেওয়া যাবে না। সন্তান প্রতিপালন, তাদের খাওয়া দাওয়া, শিক্ষা, গাইডেন্স, সাহচর্য, খেলতে নিয়ে যাওয়া, শহরের দর্শনীয় জাদুঘর, চিড়িয়াখানা বা গ্রামের নদী ইত্যাদি দেখতে নিয়ে যাওয়া এবং খুলে কথাবার্তা বলা, বিভিন্ন অ্যাক্টিভিটিস এর অবহেলা চলবে না।

বন্ধুদের দ্বারা কোনরকম বুলি হবে না, সেই দিকে দৃষ্টি এবং হীনমন্যতায় ভোগা, বিভিন্ন প্রকার ভয়, লজ্জা ইত্যাদির দিকে মনিটারিং করতে হবে। শুধু নিজেদের হাতি মারা, ঘোড়া মারা গল্প না বলে, আদর্শ মানুষের জীবনীর গল্প বলা।

বেলা- বাচ্চা পয়দা করে বাপ রাতের পর রাত বেশ্যালয়ে কাটাবে, আর বাচ্চাকে দামি জামা, চকলেট দিয়ে নিজের ভক্ত বানিয়ে ধোঁকা দেবে, চলবে না। লাইসেন্স পেতে হবে এবং এই দায়িত্ব না পালে তাকে কারাবাস করতে হবে। বেশ্যালয়ে মদ, ব্যভিচার বন্ধ করতে সমাজকে সক্রিয় হয়ে উঠতে হবে।

মন্দিরা, দেখ আমি যে স্কুলে কাজ করি, বাচ্চারা অত্যন্ত দরিদ্র পরিবারের। তারা বেশিরভাগই ঝুম্মি ঝোপড়ির। তাদের বাবারা অর্থ উপার্জন কম করে, দারু বেশি খায়। তাদের মাদের উপরই অর্থ নৈতিক কাঠামো নির্ভর করে। সারাদিন লোকেদের বাড়ি বাড়ি গিয়ে বাসুন মাজা, কাপড় কাচা ইত্যাদি কাজ করে। মোটামুটি প্রায় প্রতি

বছরই বাচ্চার জন্ম দেয়। ছোট ছোট ভাই বোনদের দায়িত্ব বড় দিদির ওপর। ঘর সামলানো, রান্না করে, তারা পড়াশুনা করতে পারেনা। স্কুলে আসে কিন্তু শেখার ক্ষমতা এবং সময় নেই। এইসব পরিবারের ছেলে বাচ্চাকে, অনেক সময় বাবার সাথে কাজে যেতে হয়, বা বাবা মারা গেলে পড়াশুনা বন্ধ করে চায়ের দোকানের ছোটু হয়ে যেতে হয়।

বেলা, সত্যি, দেখ অথচ ঘরে এই যুগেও কমপক্ষে আট, দশটি বাচ্চা, এইসব বাবা মা রা ঘর সামলানোর জন্য শিশু শ্রমিক উৎপন্ন করছে। নিজেদের অর্থনৈতিক কাঠামো বাচ্চার উপর দিয়ে দিচ্ছে। সত্যিই কি দুঃখজনক!

রজত, তাহলে দেখা যাচ্ছে এই জন্যই বাবা-মা হবার লাইসেন্স দেওয়া। তোমার আমদানির উপর বাচ্চার সংখ্যা।

প্রভাত, দেখ এই ব্যাপারে আমার একটা বিশেষ আকর্ষণকারী কথা আছে। যেটা হচ্ছে এখন যে গে, লেসবিয়ানদের সারোগেটেড এর মাধ্যমে একটা জীবন্ত পুতুল কেনার সাধ জেগেছে। এবং নিজেদের অধিকারের উপর যুক্তি তর্ক দেবে, সেটা কতোটা সামাজিক, মনস্তাত্ত্বিক হবে খুব ভালো করে বিশ্লেষণ করা উচিত। এইসব বাচ্চাদের সমাজের সব স্তরে, যেমন শিক্ষাক্ষেত্র থেকে শুরু করে, সমাজে বসবাসের ব্যাপারে, নিজেদের বড় হয়ে কর্মজীবন, বিবাহিত জীবন সব জায়গায় লোকের কাছে বুলি হতে হবে। এদের বিয়ে কি করে হবে? আমার বাচ্চা দরকার, জীবন্ত পুতুল নিয়ে খেলা করব এটা আমার অধিকার। এই বাচ্চার পারমিশন নেওয়া হচ্ছে কি? যে এইরকম বাবা-বাবা, মা-মা, চাই কিনা? তাদের socio-psychological দিক কে দেখবে? তারা কি অপরাধ করেছে যে নির্যাতিত হবে?

মন্দিরা- অর্থাৎ বিয়ে এবং বাচ্চা জন্ম দেওয়া দুটো বিষয়েই লাইসেন্সের দরকার।

(3)

মেয়েদের জীবন ও বিদ্যাসাগর মহাশয়

হিমালয়ের পাদদেশ, তরাই অঞ্চল, সুন্দর মনোরম পরিবেশে সংসার থেকে বিতাড়িত বৃদ্ধাদের জীবন-আশ্রয়স্থল। ছোট আশ্রমিক পরিবেশে, আধুনিক অপরিহার্য বস্তু দিয়ে সাজানো সুখের নীড়। স্বল্প-সংখ্যক ষাটোর্দ্ধ দের পরিবার। সংস্থাটি বাণিজ্যিক মনোভাবাপন্ন নয়। কিছুটা মানব সম্পদ রক্ষাকারী। তাদের প্রয়োজনীয় সকল সুখ-সুবিধা, স্বাস্থ্যের, শান্তির খেয়াল রাখে।

স্কুল-কলেজের সময় সহপাঠী রুবি ও ভাস্বতী এখানের সদস্য। জীবনের বিভিন্ন পর্যায় পেরিয়ে শেষ জীবনে আবার সহ-পাঠী, সহ-বৃদ্ধাশ্রমী হয়ে যায়। সুন্দর নান্দনিক পরিবেশে সবাই মন খুলে কথাবার্তা বলে। এই বয়সে আঁকড়ে ধরার কিছুই নেই। শুধু আটকে আছে জীবনস্মৃতি।

ভাস্বতি বলতে থাকে নদীর ধারে বসে। রুবি-তোর রমাদিকে মনে আছে, আমাদের কলেজের হেড ক্লার্কের মেয়ে। রুবি-হ্যাঁ, মনে আছে, কি হয়েছে? ও তো খুব ভালো ছিল পড়াশুনাতে, আর স্পোর্টসে ও খুব ভালো। ইংলিশে M.A প্রথম বিভাগে তৃতীয় হয়। ভাস্বতী- হ্যাঁ, কিন্তু দেখ ভাগ্যের পরিহাস। জীবনসঙ্গী নির্বাচনে ব্যর্থ। কদর্য স্বামী নামক আসামি। রমাদিকে, ও তার দুই ছেলের একছেলে কে মেরে দেয়। ছোট ছেলে ছুটে পালিয়ে দিদিমার বাড়িতে আশ্রয় পায়। রুবি- কি নিন্দারুন বর্বর কান্ড। আর ঐ ছোট ছেলের মনের অবস্থা, এবং একপ্রকার অনাথ ই হলো। বুড়ো দাদু-

দিদা আর কতদিন আগলাবে? সত্যি! চল আজ আর ভালো লাগছে না, মন্দিরের সন্ধ্যা আরতি দেখে মনকে একটু শান্তি দিই।

সকাল থেকে বেশ বৃষ্টি। আজ দুপুরের খাদ্য তালিকায় বর্ষার মেন্যু। খিচুড়ি, বেগুনি, ওমলেট, চাটনি। ডাইনিং রুমে খাওয়ার পর কমনরুমে আড্ডা। কাঁচের মধ্য দিয়ে বৃষ্টি উপভোগ।

আজ আমরা নিজেদের জানা সত্যি গল্প বলব। নিজেদের অভিজ্ঞতার। সুদিপ্তা দি বললো এতো এক দু মাসে শেষ হবার নয়। আমরা সতেরো জন, এতো ধারাবাহিক চলতেই থাকবে। গ্রীষ্ম, বর্ষা, শীত, বসন্ত সব ঋতুই চলতে থাকবে। সত্যি গল্পের শেষ হবেনা।

সুনন্দাদি বললো, সুদিপ্তা তোমার অভিজ্ঞতা থেকে কিছু বলো। আসলে আমাদের সকলেরই অনেক-অনেক অভিজ্ঞতা, এই গল্প বলতে থাকলে সমস্ত মহাকাব্য-রামায়ণ, মহাভারত,ওডিসি, ইলিয়ড ইত্যাদির সামেশান মানে সমষ্টির থেকেও বিপুল আকার ধারণ করবে। হ্যাঁ সত্যিই তাই। সুদিপ্তা-হ্যাঁ আমি কিন্তু, কোন দুঃখী মহিলার গল্প বলবো না।

জাঁদরেল মহিলা। এদের সংখ্যাও অনেক। এই জাঁদরেল মহিলার পুরো জীবনই আত্ম-সুখের জন্য নিয়োজিত। ডান হাতের থেকে অনেক বেশি বাঁ হাতের উপার্জনশীল স্বামীর উপার্জনের ধ্বজিয়া উড়াতেন মিসেস দত্ত। নিজের বিলাসবহুল জীবন এবং তার থেকে বড় করে দেখা, নিজের নাম কেনার জন্য। স্বামী-স্ত্রী, শিক্ষা-সিঁড়ির প্রথম দোরগোরাতেই শিক্ষা সমাপন করা। কিন্তু সমাজের খ্যাতির সিঁড়ির উচ্চ আসনে বসার জন্য, খাইয়ে বশীভূত করা, শিক্ষিত, অর্ধশিক্ষিত প্রতিবেশীদের। প্রতিনিয়ত প্রতিবেশীদের সাধু, সাধু সম্ভাষণ এবং জয় জয়াক্কার ধ্বনি। বারো মাসে ঘটা করে তেরোপার্বণের অছিলায় বিরাট ভোজের আয়োজন। স্বভিমানি অত্যন্ত গরিব ব্রাম্মণ-ব্রাম্মিনী কে নরনারায়ন করে সর্ব চক্ষুর সামনে অস্বস্তিতে ফেলা, সংকুচিত করে ফেলা। খোসামুদী ধনিক শ্রেণীর

মহিলাদের ঝুঁকে পড়ে গরিবের খাওয়া দেখা, ও গরিবের প্রতি মিসেস দত্তর বদান্যতার কলা কাকলীতে বেচারা ব্রাহ্মণ দম্পতির আত্মমর্যাদায় ঠেস পৌঁছানো। এই নেশাতে বুঁদ মিসেস দত্ত অহংকারী এবং দুর্বল শ্রেণীকে অপমানকারী হয়ে ওঠে।

নারী শিক্ষা, নারীদের অর্থ উপার্জনের কোন ভূমিকাই থাকে না এইরকম চাটুকারি সমাজ ব্যবস্থায়।

শর্মিষ্ঠা বলে উঠল দেখো আমি কিন্তু দু একটি পরিবারকে জানি যারা সত্যি করে made for eachother. ফিল্মি দুনিয়ার নয়। এখানে শাহজাহানের মতো খালি প্রেমই চলত না। লায়লা-মজনুর মত শুধুই প্রেমিক-প্রেমিকা নয়, আদর্শ-দম্পতি। দাঁড়িপাল্লার দুই দিকের ভার সমান, জীবনের প্রতি ক্ষেত্রেই এই দম্পতিদের জন্য। উচ্চশিক্ষার দিক থেকে প্রায় সমান, আদর্শ, মূল্যবোধ, নীতিবোধ, পারোস্পারিক স্বচ্ছতা, বিশ্বাস দায়িত্ববোধ, উভয়ের প্রতি ভালোবাসা টান সমান। একই মন, দুটো আলাদা শরীর। Quality time নিজেদের মধ্যে spend করে, নাকি কেউ night club আর কেউ কিটি পার্টি করে মন বেহালায়। তাদের প্রেমিক জীবনের bonding ও সুস্থ এবং one to one relationship from both side। এখানে কোন ধূর্তমি নেই, অফিসের কাজের বাহানায় ঠগানো। এইরকম পরিবেশে সুস্থ শারীরিক মানসিক স্বাস্থ্যের বাচ্চা জন্ম হয়। বিজয়া ও কাঞ্চন, সুখের সুন্দর নীড়। বিজয়া কলেজের প্রফেসর, কাঞ্চন ইঞ্জিনিয়ার। একটি ছেলে ও একটি মেয়ে। শিক্ষা সভ্যতার পীঠস্থান। দুই দিকেরই পিতৃ মাত্রালয়ের সমান স্বাগত হয়। কেউ ছোট নয়, কেউ বড় নয়। এটা যেন একটা ভালোবাসার বাঁধ, শক্তভাবে সুরক্ষিত। জীবনের স্বাচ্ছন্দ্য গতির ঝর্ণাধারা।

আরো একটি ফ্যামিলি আমারই প্রতিবেশী, Mr and Mrs Sen। এখানে মিসেস সেন হাউস ওয়াইফ এবং শিক্ষাগত দিক থেকে অনেকটাই কম, মিস্টার সেনের থেকে। কিন্তু সম্মান শ্রদ্ধা

ভালোবাসার ফলগু নদী সমান ভাবে বয়ে চলতো প্রত্যেকের মনে। মিস্টার সেন সহধর্মীর, সহমর্মী। মিসেস সেন হাউস ওয়াইফ ,কিন্তু প্রতারক নন। (অনেকে প্রতারক হয়)-সুগৃহিনী, তাই তাদের গৃহ, হোম হোম সুইট সুইট হোম এ পরিনত। যেখানে ঝগড়া, গালিগালাজ, মারধর এর বস্তি বাড়ি নয়। কোন হাউস নয়, মেস নয়, হোটেল নয়, সুখের নীড়। যেটা সুস্থ সমাজ গঠনের কাঠামো।

সুদেক্ষা নে, এবার চা খাওয়া যাক, টি ব্রেক। বাইরে ঝিরঝির বৃষ্টি। সুদেক্ষা, শুধু চা নয় এই বৃষ্টিতে চায়ের সাথের, টা একটু সিঙ্গারা দিয়ে চলবে। আজ আমার তরফ থেকে সিঙ্গারা টা, বিনয় পাশের দোকান থেকে সকলের জন্য সিঙ্গারা নিয়ে এসে তবে চা বানাবে। চল, এখন এই গুরু গম্ভীর আলোচনার অধিবেশন, সমাপ্ত করা যাক।

চা-সিঙ্গারা চলতে চলতে করবী বলতে লাগলো প্রাচীন ভারতে চতুরাশ্রম এর উল্লেখ আছে। বাস্তবিক মানব জীবনে এর ভীষণ প্রয়োজন, না হলে এই মৎস্যন্যায় চলতেই থাকবে। অশিক্ষিত অসভ্য লোভী মানুষ, পাশা খেলায় জিততে থাকবে, আর তলপি তলপা গুটিয়ে বনবাস, অজ্ঞাত বাস করবে ভদ্রলোক, মুখে কুলুপ এঁটে। দুর্বলের ওপর সবল স্বামী, শ্বশুরবাড়ির আক্রমণ। আমরা আমাদের জীবনের তিন আশ্রম পেরিয়ে চতুর্থ আশ্রমে সামুদায়িক জীবন যাপন করছি, সংসার ত্যাগ করে।

পরদিন বৃষ্টি মুক্ত নির্মল আকাশ, প্রাতঃরাস সমাপ্তের পর ছোট্ট বাগানে রুবি, ভাস্বতী, অর্চনা বসে। অর্চনা কালকের গল্প দিদিমার আসরটা বন্ধ হয়ে গেল। আমার সহকর্মী এবং পরম বন্ধু কল্পনার জন্য এত খারাপ লাগে। এত বছর কেটে গেল কিন্তু ওই মুখ ভুলতে পারি না। খুবই গরীব ঘরের মেয়ে। অনেকগুলি ভাই-বোনের মধ্যে বড় কল্পনা, দারিদ্রের সাথে B.A এবং P.ED করে খেলার টিচার হয়ে আমার সহকর্মী ও বন্ধু হয়ে ওঠে। দারিদ্র ও দুঃখ কে কোথায়

লুকিয়ে রেখেছিল, জানিনা! সদা হাস্যময় মুখ, খুশির ঝলক চোখে, সহযোগিতায় দুখানি হাত বাড়িয়ে রাখা কল্পনা ছিল এক স্ফূর্তির ফোয়ারা। ছোট দুই বোনের বিয়ে এবং পরবর্তী বাচ্চা হবার দায়িত্ব, দুই ভাই এর লেখাপড়া, দারিদ্রের কবলে বার্ধক্য বহন করা বাবা-মার, সবার জীবনের, জীবন ধারণের সাহারা। তার মনেও প্রেমের কুঁড়ি ছিলো। সেই প্রেমের কুড়ির প্রস্ফুটিত হবার স্বপ্ন মনে। কিন্তু হিংস্রতা, সে মাথা তুলে ওঠে। তার বয়ফ্রেন্ডের অবিবাহিত দিদির মনের বিষ, শেষে শিশিতে স্থান পেল। আপ্যায়ন করে খাবারে ঢেলে দিলো সেই শিশির বিষ। অতো প্রানোবন্ত মেয়ে শেষে অসীম শারীরিক- মানসিক যন্ত্রণা কে সহ্য করে-করে শেষে যন্ত্রণা মুক্ত হয়ে, মর্গের টেবিলে শায়িত হলো। প্রেমের কুঁড়ি, প্রস্ফুটিত হবার স্বপ্ন বোঁটা থেকে ঝরে পরল।

সকলের চোখ গেল বাগানের ফুটে থাকা বর্ষাকালীন সাদা সাদা বেলী কুড়ির দিকে। দেখ প্রকৃতি কত সুন্দর করে সাজিয়ে তুলেছে এই পৃথিবীকে। গেটের আর্চের ওপর আশ্রয় করা জুঁই এর গন্ধে, টগরের হাসিতে এই ছোট আশ্রমে এক স্নিগ্ধ বাতাবরণ।

পাহাড়ী রাস্তার বাঁকে একটা ছোট্ট চার্চ। সুনন্দা দি, সুদীপ্তা, শর্মিষ্ঠা চার্চের মধ্যে পেরেকের দংশন, ও কণ্টক মুকুট পরিহিত প্রভু যিশুর মূর্তির কাছের বেঞ্চে কিছুক্ষণ চুপচাপ বসে। মনের মধ্যে অনেক প্রশ্ন। চার্চ থেকে বেরিয়ে, চার্চের মাঠের কাঠের বেঞ্চে বসে ছোট ছোট বাচ্চা ও তাদের মা-বাবারা কেমন ব্যস্ত বাচ্চাদের নিয়ে তাই দেখছে।

সুনন্দা দি বললো দেখ এই কাপল গুলো, আপাত দৃষ্টিতে সুখী বলে মনে হচ্ছে। আমার জীবনে কিছু কাপল দেখেছি, সত্যিই সুখী। আমি আগে যেখানে থাকতাম মানে দিল্লির সরকারি কোয়ার্টারে, মধ্যবিত্ত সংসার। একটি পরিবার ছিল মিস্টার সিং এবং মিসেস সিং এবং দুই কন্যার পর পুত্র আকাঙ্ক্ষায় এক পুত্রের জন্ম দেওয়া

পরিবার। হরিয়ানার গ্রামাঞ্চলে ছয় এর দশক সাত এর দশকে মেয়েদের সপ্তম অষ্টম শ্রেণীর পাঠের পর বিয়ে হয়ে যায়। এই খানের পিতা এবং ভাইরা মেয়েদের ভীষণভাবে রক্ষা করে, তাই সরকারী চাকুরি করা পাত্রের সাথে পাত্রস্ত করে। সরকারী ইউডিসি হতে নিতান্ত গ্রাজুয়েট তো হতেই হয়। শিক্ষার বৈষম্য কোনো বৈষম্য তৈরি করেনি। স্ত্রী সমস্ত মর্যাদা নিয়ে স্বামীর শরতাজ হয়ে থাকে। সুখী সংসার, স্ত্রীর মুখে নির্মল হাঁসি ফোটানো স্বামী, সদাজাগ্রত পারিবারিক জীবন ও সচ্ছল অর্থের সরবরাহে। মিসেস সিং পড়াশুনো না জানা সত্ত্বেও সন্তান ও স্বামীর উপরে অভিভাবত্ব করে, তার ডিসিশনই একসেপটেড হতো।

আরো একটি বাঙালি পরিবার মলয় সাহা ও দীপিকা সাহার। দীপিকা ও দায়সারা অষ্টম নবম শ্রেণী পাশ। মলয় সাহা ইঞ্জিনিয়ার, ওয়ার্ক ফ্রম হোম ই বেশি। কখনো জার্মানি, ফ্রান্স অফিস টুর। স্ত্রীর সাথে চব্বিশ ঘন্টা কাটাতে হাঁপিয়ে যায় না, বরং মুখে অদ্ভুত খুশি। অর্থ উপার্জন সন্তান পালন, সংসার পালনের সব দায়িত্ব নিয়ে বছরের পর বছর দিনের চব্বিশ ঘন্টা স্ত্রীকে সান্নিধ্য দেয়।

বাইরে বৃষ্টি, আজ আর কোথাও যাওয়া যাবে না। কমনরুমে চা-পেঁয়াজীর ব্যবস্থা। আমাদের গল্প দিদার আসরের গল্পগুলো শুরু করা যাক। কি বলিস ভারুতী। হ্যাঁ, এই সত্যি গল্প গুলো সমাজের বিভিন্ন কোণের থেকে উঠে আসা। রুবি তার ঝুলি থেকে টুটুর গল্প শুরু করলো। আমার অত্যন্ত কাছের পরিচিত একটি মেয়ে টুটু। টুটুর বর্ণ পরিচয়ই হল হালুতাস করার জন্য,তার বাবা-মার বোধদয় হলো না। নিজেরা বৈবাহিক জীবন যাপন করে। বাচ্চাদের যাতে দাম্পত্য জীবন না হয় তার চেষ্টা। প্রচন্ড ঘৃণা প্রদর্শন করে রেখে ছিলো, বিবাহ, বিবাহিত জীবন, প্রেম, বাচ্চা হওয়া ইত্যাদির উপর। রোবট তৈরি করে রেখেছিলো। আলাদিনের প্রদীপের জিনির মতো আদেশ পালন করে নিরবে টুটু।

বিদ্যাসাগর মহাশয়ের প্রবর্তিত বাল্যবিবাহ বন্ধ ও নারী শিক্ষার প্রচার এক শ্রেণীর বাবা- মার ভীষণ উপকার হয়ে ছিলো। বাল্য বিবাহ দূর কি বাত, বিবাহ দেওয়ার প্রবনতা এবং পরিকল্পনা ছিল না। নিজের চেষ্টায় স্বল্পশিক্ষা লাভ করে অর্থ উপার্জন করা এবং বাবা-মার তৈরি বড় সংসারের আর্থিক বোঝা কাঁধে চাপাতে ছুটে যায় হাসিমুখে এইসব কন্যা সম্প্রদায়। ছোট থেকে বোঝান হয় বিয়ে খুব নোংরা জিনিস। প্রতিবেশী অল্প বয়সী মেয়েদের কুড়ি, বাইশ বছরে বিয়ে নিয়ে কুমন্তব্য করা, নিজেদের দায়িত্ব এড়ানো, এই সুপরিকল্পিত উপায়ে। এইসব বাবা মা বাল্যবিবাহ নয়, কন্যা বিবাহ বন্ধ করে। নিজেদের বিবাহের দায়বদ্ধতা, কন্যাদের ওপর চাপানের জন্য।প্রোৎসাহন দেয় চাকুরী করে স্বনির্ভর হওয়ার। টিউটার দেবার অক্ষমতা কে প্রকাশ না করে self study is the best study র ভাষন এবং, if you do not work you should not eat, মজ্জা করে হেঁসে হেঁসে কথা বলা। এই কথাগুলোতে টুটু বাবাকে কত বিদ্যান, আদর্শ বাবা বলে জানতো। এবং এগুলোকে বেদ বাক্য মনে কোরতো।

বিয়ের বয়স পেরিয়ে যাওয়াতে কুড়ো-কাবাড়া, বাঁচা-খুচা পরিত্যক্তদের থেকে নির্বাচন জীবন সাথীর। এক ঠগ পরিবার, পন, দান-সামগ্রী, সোনাদানার সাথে সোনা ডিম দেওয়া মুরগি, টুটুকে পরিণয়ে আবদ্ধ করল। সরল টুটু এদের চরিত্র এবং ঈর্ষার বলী।

শাশুড়ি শ্রী অঞ্জলি, নামের মহিমা কে কলুসিত করা এক মহিলা পুরো জীবন আত্মসুখ, দাপট, উদ্ধত্য, ছলা-কলা, নাটক ইত্যাদি ইত্যাদি গুনে পরিপুষ্ট। সতেরো বছরে বিয়ে হয় বলে গর্বিত। টুটু উনত্রিরিশ বছরে তাদের ঘরে বধু হিসাবে প্রবেশ করায় বয়স, রূপ, রং এবং তাদের দারিদ্র নিয়ে বেশ খোঁটা দিতে থাকে। যদিও ঠগিয়ে নিজের কুপত্রের সাথে বিয়ে দেয়। কপুত্র বর্বর, অশিক্ষিত-কুশিক্ষিত এবং জেন্ডারের দিক থেকে LGBTQ র 'B' সম্প্রদায়ের। ছল-চাতুরি-নাট্য পরিবেশে শিক্ষিত উপার্জনশীল টুটুর জীবন নরকে পর্যবসিত হয়। অঞ্জলি জেনেটিক্যালী দীর্ঘায়ু বংশের; তাই

অত্যাচার করার সুযোগ নব্বই-ঊর্ধ্ব পর্যন্ত পায়। অঞ্জলি ছম্মকছল্লী, স্বামী নামক দেবতা নয়, ভৃত্যকে, শরীরের কোন জায়গায় আবদ্ধ করে রেখেছিলেন, তিনিই ভালো জানতেন। নিজের পুত্র যাতে বাপের রাস্তায় না যায়, তার সর্বক্ষণ প্রচেষ্টা।

টুটুর জীবনে স্বামী নামক জীবটির, লাইফ বেল্ট টুটু ছিলো। কারণ সরকারি নিম্নতম কর্মচারী হবার ন্যূনতম শিক্ষাগত যোগ্যতা ছিল না। তাই সুপারিশে বেসরকারি বিভিন্ন সংস্থাতে ফোরটোয়েন্টি গিরি করে কর্মজীবন যাপন করে। এইসব সংস্থা তে অরিজিনাল সার্টিফিকেট দেখা হয় না। এই অসদ উপায়ে উপার্জিত ধন কে নিজের বিলাসিতা ও ব্যভিচারে নিয়োজিত করতো এবং কিছু অংশ মাতৃদেবী এবং তার সন্তানদের জন্য ব্যয়িত হয়েছে। জীবন তরী যাতে ডুবে না যায়, টুটুর দেওয়া লাইফ-বেল্ট তো আছে। তার জন্য টুটু কেই অবলাইজড করে রাখা এবং বিভৎস্য শারীরিক-মানসিক অত্যাচার, হিংসার জন্য করতেই থেকে যায়। যত বড় কালপ্রিট, গুন্ডা, অপরাধী তার তত বড় বিনয়ী মুখোশ সমাজে, কানা মনে মনে জানা, অজয়, টুটুর স্বামী, নিজে জানে, নিজে অশিক্ষিত এবং দুঃসচরিত্র ব্যভিচারি। তাই টুটুর স্বচ্ছ নির্মল স্বভাব, তার শিক্ষাকে কিছুতেই গ্রহণ করতে পারতো না। এত ঈর্ষা তীব্র আক্রমণ, যার শিল তারই নোড়া, তারই ভাঙি দাঁতের গোড়া। বুঝলে এই হল মূক শিক্ষা আর সরব অশিক্ষার কথা।

অরুণা বলতে থাকে দেখ, আজকের নিউজ পেপারে ও পনের জন্য নারী নিগ্রহ ও বধূ হত্যার কথা। কবে থামবে এই নারকীয় ঘটনা। কখন সচেতন হবে যে অন্যের পয়সায় চলা এবং অন্যের জীবনে দখলদারি করা উচিত নয়। পয়সার লোভ, ক্ষমতার লোভ, রাজ করার লোভ এবং অত্যাচার বেইজ্জুতি করে অপার আনন্দ, নিজেদের খুব হাইফাই ভাবা বন্ধ করে প্রকৃত মূল্য বোধ জাগবে। আমার কর্মজীবনে আমার সহকর্মী, সুনয়নার কথা বলি তোমাদের। বড় বড় চোখ, এক নির্বাক স্থিরচিত্রের মত, দুঃখের ভাব, খুশীর হাঁসি

কিচ্ছুই ছিল না, এক নিরবিকার কর্মযোগিনী। জীবন বিজ্ঞানের শিক্ষিকা ও অন্যান্য কর্মেও পটু। ছয় বোন এবং সবার শেষে এক ভাই। ছোট ছোট পাহাড় ঘেরা বর্ধিষ্ণু গ্রামে বাড়ি। বিধবা মাকে সম্মানের উচ্চ আসনে বসিয়ে ঘরে সুখ স্বাচ্ছন্দ বজায় রাখে। দুই বোন শিক্ষিকা। তাদের উপার্জনে পরিবারের আট জনের ভরণ পোষণ। বাবা-মা নিজেদের বিবাহিত জীবনে, প্রেমকে বরকরার রেখে সাত সন্তানের জন্ম দেয়। কিন্তু মেয়েদের বিয়ের ব্যাপারে কোন হেল দোল নেই। সবথেকে ছোট বোন ও পঁচিশ পেরিয়ে, এবং বড় বোন চল্লিশ ঊর্ধ্বে। শোভনা দি, কেন এদের বাবা-মা নিজেরা যে সুখ ভোগ করেছে, বাচ্চাদের তার থেকে বঞ্চিত করে, তাদের দিয়ে, সংসার পালনের স্বার্থপরতা। ঈশ্বরচন্দ্র বিদ্যাসাগর মহাশয়ের প্রবর্তিত বাল্যবিবাহ বন্ধ এবং নারী শিক্ষার প্রবর্তনের লাভ উঠানো পিতা- মাতা। আমাদের এই গল্পগুলোতে স্পষ্ট উঠে আসছে বিভিন্ন সেটের পরিবার। এখানে সেট মানে গণিতের সেট। এক ইউনিভার্সাল সেট সোসাইটি, তাতে সাব সেট আছে বিভিন্ন ধরনের। এক সেটে আছে, বাবা-মার অর্থ, মেরুদন্ড, সামাজিক প্রতিপত্তি, বিহীন, দায়িত্ব বোধহীন, সমর্মিতা বিহীন সংসারে, কষ্টার্জিত শিক্ষা অর্জন করে নিরলস কর্মযোগী, অর্থ উপার্জনকারী মেয়েদের নারকীয় জীবন।

অপরদিকে প্রভাব প্রতিপত্তিশালী, অর্থ এবং দায়িত্ব সম্পন্ন বাবা-মা। যাদের কাছে আছে কোষ্ঠী পাথর। স্বল্পশিক্ষিত মেয়েদের সুপাত্রস্থ করে পুরো জীবন বসে খাওয়া ও রানীর মর্যাদা পাওয়া সুখী দাম্পত্য জীবন। বাধ্য স্বামীর একটাই লক্ষ্য স্ত্রী, পুত্র কন্যাকে সুখী রাখা, স্বাচ্ছন্দে রাখা। কিছু ক্ষেত্রে স্বামীকে মূর্খ বানিয়ে সংসারের অর্থ ও ডিসিসনের স্টিয়ারিং নিজের হাতে রাখা স্ত্রী। এইসব হাউস ওয়াইফদের নৃতন নামকরণ হয়েছে হোম- মেকার। সমাজ ও পরিবারের লোকজন এদের বেচারী বলে, ঘরে বন্দি। যারা চাকুরি করে তাদের উদ্দেশ্যে বলা হয় তোমরা তো বাইরে কত আনন্দ করো। এরা

জানেনা আনন্দ করা এবং শরীরের রক্ত জল করে অর্থ উপার্জন করার মধ্যে তফাৎ। চব্বিশ ঘন্টার দিন প্রত্যেকের জন্যই প্রদত্ত। সেইখানে আট ঘন্টা ঘুমের জন্য থাকা উচিত সকলের। তাহলে ষোলো ঘন্টার মধ্যে যে মহিলারা আট-দশ ঘন্টা চাকুরীর জন্য ব্যয় করে, তারপর সংসার সামলানো, বাচ্চা মানুষ করা কত কষ্টকর। এরা দশভূজা দুর্গার মত সামলায়, সংসার ও চাকুরী। তাহলে, এদের হোম-মেকার, না বলে হোম ডেসট্রয়ার বলা উচিত কি? ঘরের পুত্র বাইরে চাকুরি করে বলে, ঘরের কাজ করতে হয় না। তারা চাকুরীতে ভীষণ ক্লান্ত হয়ে যায়, তাদের সেবা এবং ফাইফর মাস, অডাসিটি চাকুরীরত বউকে করতে হবে। কারন সে ঘরের বউ। শ্বশুরবাড়ির ঝি। বাইরের চাকুরীতে যাওয়া মানে আনন্দ করতে যাওয়া, কত বন্ধুবান্ধব এবং ঘরে যে বউ চাকুরি না করে কিটি পার্টি করে, সে বেচারা। হোম-মেকার শব্দ ওয়ার্কিং মহিলাদের জন্য ও তো প্রযোজ্য। কারণ ওরা চাকুরী করছে বলে ভ্যাগাব্যান্ড নয়। শব্দগুলির পরিভাষা ঠিক হওয়া উচিত। ওয়ার্কিং এবং নন ওয়ার্কিং। ঘরের কাজ ওয়ার্কিংরাও করে। বাস্তবে বেশিরভাগ ক্ষেত্রে দেখা যায়, এই ওয়ার্কিং মহিলাদের সন্তানরা, অনেক অনেক উচ্চশিক্ষা লাভ করে, প্রবাসী হয়ে জীবন সেটেল করে। মুখে ভারতবর্ষ ভারতবর্ষ যতোই বলুক, প্রত্যেকেই চায় বাচ্চারা ইউরোপ আমেরিকায় থাকুক। এবং গেলে গলা বাড়িয়ে, অহংকারী হয়ে ওঠে। ওয়ার্কিং মহিলারা সদা সচেষ্ট থাকে যাতে বাচ্চার শিক্ষাগত মান খুব উৎকৃষ্ট হয়। এবং বেশিরভাগ ক্ষেত্রে সত্যিই উৎকৃষ্ট হয়। এই সব দশভূজাদের আত্ম বলিদানের জন্য। এরা নিজের জন্য-সময় ও অর্থ ব্যয়টা মূলহীন ভাবে।

কিছু সেট আছে, যেটাকে প্রকৃত সাম্যবাদী সংসার বলা উচিত। শিক্ষাসভ্যতা, ভালোবাসার এক সুদৃঢ় বন্ধন। রসায়ন বিজ্ঞানের ভ্যালেন্সির ব্যাপারে ইকুয়াল ডোনেশন, ইকুয়াল শেয়ারিং এর মজবুত কোভ্যালেন্সি।

রুবি সত্যিই হ্যাঁ। দেখুন বিদ্যাসাগর মহাশয় বিদ্যার সাগর বানিয়ে ছিলেন। কিন্তু সেই সাগর এখন ডেড সির মত শুকিয়ে যাচ্ছে। শুকিয়ে উবে যাচ্ছে শিক্ষিত ভদ্র মেয়েরা। রাজত্ব করছে জলাঞ্জলির দল। বিদ্যাসাগর মহাশয় পুরুষ মানুষ হয়ে মেয়েদের উন্নতি, শিক্ষা ইত্যাদি সম্বন্ধে সচেষ্ট ছিলেন এবং সংকীর্ণ মানসিকতার ঊর্ধ্ব উঠতে সমাজকে আহবান করেছিলেন। নারীরা শিক্ষিত হয়ে, মেরুদন্ডবিহীন পিতৃ মাতৃর বোকামি, অলসতার শিকার হয়ে যাচ্ছে। আর জলাঞ্জলিরা নারী হয়ে সমাজের এক অংশের পুরুষদের অশিক্ষা আর কুশিক্ষার পথে চালিত করছে। বর্তমান যুগে অনেক ক্ষেত্রেই নারীরা কর্মদক্ষতায় পুরুষদের থেকে আগে এগিয়ে যাচ্ছে। বোর্ডের পরীক্ষার্থীদের মধ্যে নারীদের পাশের হার পুরুষদের তুলনায় বেশি।

এই জলাঞ্জলি সম্প্রদায়, পুরুষ অশিক্ষার প্রচার করছে। এখন সময় এসেছে এই জলাঞ্জলীদের অন্তরজলী যাত্রায় পাঠানো। না হলে সমাজের আলোকিত অংশ অন্ধকারে ডুবে যাচ্ছে। বিদ্যাসাগর মহাশয় এর স্বপ্ন ও নারীশিক্ষার বলি হয়ে যাচ্ছে।

(4)

নন্দন-কানন

বিহারের প্রত্যন্ত গ্রাম, খরা অধ্যুষিত। ফটিক চাঁদ স্ত্রী সরলা এবং বড় পুত্র বিশ্বকর্মা, পুত্রবধূ রূপমতী, একটি ছোট ছেলে এবং একটি ছোট কন্যার সাথে থাকে। মাটির ঘরই সম্বল। বড়, মেজ,সেজ মেয়েদের বিয়ে দিতে যাও বা জমি ছিল, তাও বিক্রি করতে হয়েছে।

অন্যের জমিতে ভুট্টা চাষ করে, ও টুকটাক কাজকর্ম করে উপস্থিত ছয় সদস্যের সংসার চালাতে মাথার ঘাম পায়ে ফেলে চলতে হচ্ছে।

দিল্লির লেবার কন্ট্রাক্টর বংশীলালের অনুচরেরা থ্রিটায়ার জেনারেল কম্পার্টমেন্টে করে, ভারত দর্শন করতে থাকে লেবার সংগ্রহ করার জন্য।

লালা বংশীলালের অনুচর গোবিন্দ, ফটিক চাঁদের অঙ্গনে প্রবেশ করে। খাটিয়ায় বসা ফটিক চাঁদ, বসার জন্য বেতের মোড়া দিয়ে গোবিন্দ কে বসতে অনুরোধ করে। গোবিন্দ গ্রামের এক মাতব্বর ছেলে রতনকে সঙ্গে এনেছে, নিজের কথাবার্তা পাকা করার জন্য।

গোবিন্দ বলতে থাকে দিল্লির মাহাত্ম্য এবং সাথে সাথে এই গ্রামের দারিদ্র। দিল্লিতে গেলে এক বছরের মধ্যে জীবন ফিরে যাবে ইত্যাদি ইত্যাদি। বিশ্বকর্মা সব শুনছিলো। গোবিন্দ নানা টোপ দেয়,

খাওয়া থাকার কোন অসুবিধে নেই। মাস মাইনের টাকা ঘরে পাঠাতে পারবে ইত্যাদি প্রলোভন।

বিশ্বকর্মা পিতাকে অনেক কষ্টে শেষে রাজি করাতে পারলো। সদ্য বিবাহিত স্ত্রী কে নিয়ে বিশ্বকর্মা দিল্লিতে কাজের সন্ধানে যাত্রা করলো।

গোবিন্দ, বিশ্বকর্মা কে নানান কনস্ট্রাকশন এলাকায় বারে বারে নিয়ে গেলো। হাইওয়ের কাজ, ফ্লাইওভার বানানোর জন্য লেবার বিশ্বকর্মা এবং রূপমতি তাদের সাহায্যকারী মহিলা লেবার।

বাসস্থান বলতে দূরে জন বিরল জায়গায় টেম্পোরারি ত্রিপল এর টেন্ট। কিন্তু বিশ্ব রূপুর সোনার সংসার দেখতে দেখতে বছর পার হলো। ঘরে এলো এক শিশু পুত্র।

পুত্রের জন্মের পর কয়েক মাস ঘরেই থাকতে হলো রূপুকে। তারপর যথা বিহিত কাজের জন্য শিশু পুত্রকে নিয়ে কাজের জায়গায় যেতে হলো। সেখানেও অনেকের নানা বয়সের ছোট ছোট ছেলে মেয়ে, বাবা মাদের নিগরানীতে থাকে। শিশু পুত্রকে চাদরে শুইয়ে রেখে সিমেন্ট, কংক্রিট ইত্যাদি বানাতে থাকে। সন্ধ্যেবেলায় টেন্টের বাড়িতে ফিরে, তিনটে ইঁট দিয়ে বানানো উনুনে, শুকনো গাছের ডাল পালা ভেঙ্গে আগুন জ্বালিয়ে হাতের তালুতে বেলা মোটা মোটা রুটি, একটা শুকনো তরকারির ব্যবস্থা করে রূপু। শাশুড়ির দেওয়া আমের আচারের সাথে অমৃত ভক্ষণ কোরে, গভীর নিদ্রায় নিদৃত হয়। রোদ, বৃষ্টি,শীত, ধুলো, পরিশ্রম এ ক্লান্ত শরীর আগামী দিনের কাজের জন্য রিচার্জ হতে থাকে। সকালে আবার কর্মব্যস্ততা, আচার রুটি শুকনো তরকারি।

টেন্টের কিছু দূরে নিম্ন মধ্যবর্তী এলাকায় দুর্গাপুজো হচ্ছে। বিজয়ার দিনে কাজে ছুটি। শিশু সন্তানকে কোলে নিয়ে বিশ্ব-রূপা

মূর্তি দর্শন করতে যায়। প্যান্ডেলে বাজ্ছে "স্বর্গ আমার সাজাতে সাজাতে রাত পার হলো......;(ওদের কানে স্বর্গ শব্দ গেলো)

মায়াবী শহর, বড় বড় বাড়ি, চওড়া রাস্তা, আলো ঝলমল। কখনো দেখেনি। নিজেদের জীবনে এই স্বাচ্ছন্দ ভাবতে ও পারে না। অর্থাৎ লক্ষ্য করে, কিন্তু নিজেদের চাহিদা নেই। এখানে টেন্টে যে তাদের মতই মানুষ বাস করে। ভাবতে পারেনা এই স্বর্গের স্বাচ্ছন্দ। নিজেদের টেন্টে প্রেমের নির্মল স্বর্গ বানাচ্ছে। কর্ম ক্লান্তি, অঘোর ঘুম। কিছু ভাববার সময় নেই, বিচার করার বুদ্ধি নেই।তাদের শরীর এক যন্ত্র।

শহরের রাস্তার ডিভাইডারের পাথর তুলে, নূতন পাথর লাগাতে হবে এবং তারপর সেই মাঝখানের জায়গায় মনোরম বাহারি ফুলের সাজ। রাতের ঝকঝকে আলোতে কি মনোরম লাগে। কিছু গোল চত্বরে ফোয়ারা।

কিছু জায়গায় ভাস্কর্য। নগর সাজাতে ব্যস্ত লেবার। মাথার ওপর কন্ট্রাক্টার ও তাদের দালাল। কাজ পর্যবেক্ষণ করা এবং কড়া হুমকি, ডেডলাইনে কাজ সমাপ্ত করার।

লেবারদের বাচ্চারা প্লাস্টিকের শুয়ে, কেউ বসে, বা কেউ দৌড়াদৌড়ি করছে।

একটি ছোট শিশু হঠাৎ করে রাস্তায় নেমে আসে, এবং একটি চলন্ত গাড়ির প্রায় মুখে পড়তেই বিশ্বকর্মা ছুটে এসে তার প্রাণ বাঁচায়। কিন্তু নিজেকে বাঁচাতে পারলো না। ওই গাড়ির চাকার তলায় পৃষ্ঠ হয়ে যায়।

সমস্ত শ্রমিক ছুটে আসে। কন্ট্রাক্টারের দালাল এসে একটি গাড়ি করে হাসপাতাল নিয়ে যাবার পথেই বিশ্বকর্মার মৃত্যু হয়।

রূপু বিশ্বকর্মার রক্ত ভেজা শরীরে আছড়ে পড়ে অঝোরে কাঁদতে থাকে। সঙ্গী অন্য লেবাররা অতি যত্নের সাথে তার দেখভাল

করতে লাগলো। তাদের প্রেমের স্বর্গ তছনছ হয়ে গেল। ফোন কেনার পয়সা ছিল না।শ্বশুর বাড়িতেও ফোন নেই। কেউ জানতে পারল না, নন্দনকাননের শ্রমিকের মৃত্যু।

জীবন বড় কঠিন, পেটের দায়, শুধু নিজের নয়, শিশু পুত্র ভোলানাথের জীবন, খাদ্যর জোগাড়। তাই কান্না কে বুকের ভেতরে চেপে, আবার কাজে যোগ দিতে হয় রূপ মতি কে। এইসব বিশ্বকর্মার জীবন রাস্তাতেই বিসর্জন হয়। শোক করার সময় নেই। আবার শয়ে শয়ে বিশ্বকর্মা কাজে লেগে যায়।

গ্রাম নামক পৃথিবী থেকে স্বর্গ নামক দিল্লি নগরীর নন্দন কাননের যোগাযোগ নেই। ঘরের সঙ্গে যোগাযোগ নেই, মাতা পিতা, পুত্রের খবর জানেনা। পুত্র ও মাতা পিতার খবর জানেনা। নিজেদের জীবন সাজানোর টোপে পা দেওয়া,

এইভাবে চলতে চলতে এলো কভিডের করাল কোপ। লকডাউন। পুরো পৃথিবী থমকে গিয়ে এক জায়গায় বসে গেছে।

কর্ম নেই, সব বন্ধ। লেবার শ্রেণী কোনভাবে নিজেদের গ্রামে ফেরার জন্য ব্যস্ত। রুপু ও শিশু ভোলানাথকে নিয়ে অজানার উদ্দেশ্যে অজানা মানুষের সাথে ট্রেনে চাপলো। শরীর দুর্বল, ক্লান্ত, মনের অবস্থাও কল্পনার অতীত।

ট্রেন এক স্টেশনে থেমে গেল। আর যাবে না। অগত্যা স্টেশনে নেমে প্লাটফর্মের একটা থামের সাপোর্টে নিজেকে ঠেকিয়ে রাখা।

ক্ষুদায় ক্লান্ত শরীর। এক খেপা রোগের প্রাদুর ভাবে লোক, লোক থেকে দূরে সরে যায়।

গভীর ঘুম, কখন মহা ঘুমে চলে গেলো। কেউ জানতে পারল না, নগ্ন শিশু ভোলানাথের খেলা, মায়ের আঁচল দিয়ে মায়ের মুখ ঢাকা ও খোলা। সে জানে না জীবন কি। মৃত্যু কি। রুপমতীর আদ

শোয়া শরীর। শিশুর খেলার পর খিদে, তাই ক্ষুদার তাড়নায় মায়ের বুকে নিজের খাদ্যের সন্ধানে মুখ লাগিয়ে প্রাণপণ টেনে চলেছে।

ঘরে অকাল বৃদ্ধ মাতা পিতা পথ চেয়ে বসে আছে পুত্র, পুত্রবধূ কবে ঘরে ফিরবে, এদিকে শিশু ভোলানাথ অনাথ হয়ে স্টেশনে।

(5)

সময়

সৌম্য রায়, দিল্লি ইউনিভাসিটির, প্রাণিবিজ্ঞানের এক উজ্জ্বল ছাত্র। চেহারা, চাল চলনে, সৌম্যতার এবং সূর্যের প্রকাশ বিচ্ছুরিত হয়। ঘরে বিধবা মা এবং এক দিদি। অত্যন্ত সজ্জন, অভিজাত শিক্ষিতঘর। এখন এই যুগে আভিজাত্য এনডেনজার্ড। মেকি সংসার সমাজ। মুখোশের আড়ালে ব্যক্তিত্ব খুঁজে পাওয়া যায় না। ধূর্তমিতে ভর্তি সমাজ। খালি নিজেরটাই জানে। এই একবিংশ শতাব্দীতে, বিদ্যাসাগর, সুভাষ বোস, রবীন্দ্রনাথ ঠাকুর দের মতো অভিজাত মানুষ, সমাজে খুঁজলে পাওয়া যাবে না। ভোগবাদী, চাপলুসি, তে ভর্তি। সত্য জনসেবা না করে, জনসেবা প্রদর্শন এবং ওবলাইজ করানো।

একোবিংশ শতাব্দীতে বড়ো হবার পরও আভিজাত্যে উনবিংশ শতাব্দীর অভিজাত, শিক্ষিত , মার্জিত, সৎ, নিষ্ঠাবান পরিবার।

সৌমের শিশু বেলায়, সৌম্যের বাবা কবিতা শোনাত,"সময় চলিয়া যায়, নদীর স্রোতের প্রায়, যে জন,না, বুঝে তারে ধিক শত ধিক, বলিছে সোনার ঘড়ি টিক, টিক, টিক।" ঘড়ি সময়ের সূচক এবং সময়ের পরিমাপক যন্ত্র। এখানে সোনার ঘড়ি মানে, সময়টাই সোনা। নানান ব্র্যান্ডেড, দামি ঘড়ি হাতে বাঁধা থাকলে, অহংকারের প্রতীক এবং ঘড়ি এখানে অলংকারে পর্যবসিত হয়েছে। চেয়ারে বসে টেবিলের ধারের মানুষজনকে, হাতে বাঁধা ঘড়ি দেখিয়ে,

33

বোঝাবার চেষ্টা, মানুষটার কত অকাদ, পাওয়ার, সান সৌকত। এরা ঘড়ি হাতে বাধে, অন্যকে দেখাবার জন্য। নিজে সময় দেখেনা, এবং জীবনে নিয়মানুবর্তিতা, সময়ে কাজ করতে হয়, জানেনা।

সৌম্য, বাবার দেওয়া অত্যন্ত সস্তা দেখতে ঘড়ি পড়ে, সময়ের সাথে কাজ করে। ঘড়ি নিজে দেখে, অন্যকে দেখায় না। ব্রহ্মাণ্ডের গ্রহ, তারাদের মত নিয়মানুবর্তী। বিদ্যা অর্জনই শ্রেষ্ঠ অর্জিত ধন।

এই সময়ের ঘড়িতে চেপে, সৌম্য স্নাতক, স্নাতকোত্তর এ, প্রথম বিভাগে প্রথম স্থানে ভূষিত হয়। এবং পরবর্তী phd. তে scholarship ও নিম্নতম সময় নিয়ে সাফল্যের সাথে ড: সৌম্য রায়ে পরিণত হয়।

স্বল্পভাষী, মিষ্ট স্বভাবের ইন্ট্রোভার্ট বিজ্ঞানী সৌম্য রায় এর দিদি, ছোটবেলায় শোনাত, "পড়াশুনা করে যে, গাড়ি ঘোড়া চড়ে সে।" বর্তমান যুগ, কিন্তু তা বলে না, বলে পড়াশুনা করে যে, গাড়ি চাপা পড়ে সে।

চাকুরীর বাজার এই সময়ে অত্যন্ত মন্দা। বিপরীতে বাণিজ্য, ধাপ্পা, চুরি, ফ্রড,420 গিরি, ইত্যাদিতে ধনী এবং মান্যগণ্য দেশ বরেণ্য হবার শ্রেষ্ঠ এই সময়, মানে সময়। সময় চলেই চলেছে, চলেই চলেছে। কে তাকে থামাবে? মানুষ নিজে থেমে যায়, কিন্তু সময় থামেনা, থকে না, নিরবিচ্ছিন্ন সচল প্রক্রিয়া।

পার্মানেন্ট অধ্যাপনা জুটলো না। গেস্ট অধ্যাপক ড: সৌম্য রায়। একই ইউনিভার্সিটির গেস্ট অধ্যাপিকা ড: সুরুচি বোস, গণিত বিভাগের। সহ-মনন, রুচি, আভিজাত্য, সংস্কার, সংস্কৃতিতে তাদের মধ্যে বৈষম্য নেই। কাজেই ভালো বন্ধু হয়ে গেল।

সৌম্যর মায়ের মেয়েটিকে খুব পছন্দ হয়ে যায়। প্রায়ই ঘরে ডাকে। সৌম্যর বিবাহিত দিদি জামাইবাবুর ও খুব পছন্দের।

সৌম্য এবং সুরুচি এই পরিণয় ব্যাপারটাকে ঠিক মেনে নিতে পারছে না, কারণ চাকুরী অনিশ্চিত। দুই পক্ষের রুচিশীল পরিবার

এর bonding ক্রমশ গাঢ় হতে লাগলো। তারা বোঝালো এখন পুরো দুনিয়াই গেস্ট। কেউ হোস্ট হতে রাজি নয়। জীবনকে এগিয়ে নিয়ে যেতে হবে। আর কে বলেছে, এই দেশে গেস্ট থাকার। তার থেকে বিদেশের গেস্ট হয়ে, সেখানের পার্মানেন্ট অধ্যাপনা করতে।

সঠিক সিদ্ধান্তে, পরিণয়ের সময় হয়ে গেল। দুই বুদ্ধিজীবী, অভিজাত পরিবার পাত্রস্থ আর পাত্রিস্থ করাতে, বিবাহ উৎসব মডেস্ট ওয়েতে সম্পন্ন হলো। উপর ওয়ালা মেড ফর ইচ আদার করে পাঠিয়েছে। হাঁড়ি গুণে সরা।

দুজনার নূতন জীবনে student পড়ানো, নিজেদের পড়াশোনার পর, সাংসারিক জীবন। সেখানে অবসর বিনোদন চলে, তথ্য সমৃদ্ধ কথাবার্তায় একজনের জ্ঞান অন্যের সাথে শেয়ার। দুইজনার পড়াশোনার, বিষয় আলাদা। কিন্তু গণিত বিজ্ঞান। একে অপরের কথা গভীর মনোযোগের সাথে শোনে, সমর্থন করে। এটাই এদের প্রেম। মানসিক প্রেমে অতিবাহিত হয়। সুস্থ সুন্দর শারীরিক বন্ধন ও তৈরি হয়। মান্নাদের গানের মত,"তীর ভাঙা ঢেউ আর নীর ভাঙ্গা ঝড়, তারি মাঝে প্রেম যেন গড়ে খেলাঘর।"এদের প্রেম সত্যিই শুদ্ধ লাভ স্টোরি। অন্য অনেক কাপলের কদর্য, বিকৃত শারীরিক প্রেম নয়, সেখানে পর্ন পিকচার, ব্লু ফিল্মের গন্ধ থাকে, উতাবলা থাকে হাবসের।

সৌম্য বলে চলেছে, দেখো সুরুচি আমরা মানুষ, কিভাবে সময়ের বিবর্তনে ধীরে ধীরে বিভিন্ন পর্যায় পেরিয়ে, হোমো-সেপিয়েন্স হয়ে উঠেছি। এক এক বিবর্তনে কত কত লক্ষ বছর লেগেছে। তিন লক্ষ বছর আগে আফ্রিকাতে আধুনিক মানুষের বিবর্তন ঘটে। এপ,শিম্পাঞ্জি,গরিলা,ওরাংওটাং দের বিবর্তন। হোমো সেপিয়েন্স নিয়েন্ডার্থালেন্সিস নামক হোমো সেপিয়েন্সের বিকাশ ঘটে। উচ্চপ্যালিওলিথিক সময়ে আধুনিক মানুষ আফ্রিকা থেকে

ছড়িয়ে পড়ে। এই বিবর্তন থেমে থাকার নয়। শুধু মানুষ নয়, উদ্ভিদ জগত প্রাণী জগতের প্রতিটি শাখাতেই বিবর্তন চলছে।

সুরুচি বলছে, দেখো সৌম্য এই যে সময়, এটা কিন্তু গণিতের ভাষায় খুব জটিল জিনিস। সাধারণ মানুষ এর তাৎপর্য বুঝতে পারবে না। এখন গ্লোবালাইজেশন এবং যাতায়াতের মাধ্যমে কিছু মানুষ পৃথিবীর বিভিন্ন জায়গায়, বিভিন্ন সময় আছে, বুঝতে পেরেছে, কিন্তু কারণ জানেনা। একই পৃথিবীতে একই মুহূর্তে আলাদা ডেট চলে এইটুকুও, জানেনা। মেরিডিয়ন জানেনা। মেরিডিয়ান হোটেলে খাবার খেতে বেশি ভালোবাসে। এই যে রকেট যাচ্ছে, মহাকাশ যান যাচ্ছে, সেখানের কো-অরডিনেট পয়েন্ট এবং সেখানকার সময়, এবং পৃথিবীর সময়ের হিসাব, বিরাট এস্ট্রাফিজিক্স। অ্যাস্ট্রোনমিতে সময় বলে চ্যাপটার আছে, খুবই জটিল। পুরাতন বর্ষ বিদায় এবং নতুন বর্ষের বরণ ধুমধাম এর সাথে করা হয়। জাপানে যখন

1st Jan শুরু হচ্ছে, বাজি ফোটাচ্ছে, তখন ভারতবর্ষে 31st Dec চলছে। ভারতবর্ষে 1st Jan শুরুতো ইউরোপে তখনো পর্যন্ত 31st Dec.। অর্থাৎ আলাদা আলাদা সময় চলছে, যদিও মুহূর্তটা একই। পৃথিবীর ই বিভিন্ন জায়গায় বিভিন্ন সময়, তারিখ চলছে, তাহলে দেখো ব্রহ্মাণ্ডের মানে বিশ্বের সব জায়গায় কি কি সময় চলছে। চাঁদের সময়, বিভিন্ন গ্রহের সময়, সূর্যের এবং অন্য তারা দের সময়, সমস্ত মহাকাশীয় পিণ্ড এবং মহাকাশের স্থানের সময় সমস্ত আলাদা। কি অদ্ভুত নয়। সাধারণ মানুষ ভাবতেই পারেনা। কি বিস্ময় লুকিয়ে আছে ইউনিভার্সে। কিছু মানুষ সময়ে কাজ করতে নারাজ।

সৌম্যর দিদি অগ্নিমিত্রা আর জামাইবাবু হীরক এসেছে, সৌম্যদের ঘরে। সৌম্যর মা অপরাজিতার খুবই আনন্দ। একসঙ্গে

ছেলে,মেয়ে, পুত্রবধু ও জামাতা পুজো কাটাবে, দিদি জামাইবাবু এক মাসের ছুটি কাটাতে দিল্লি এসেছে।

হীরক ও হীরের টুকরো ছেলে, সময়ের মর্যাদা জানে, তার সঙ্গে মানুষের মর্যাদাও। হীরক জানে সৌম্য ও সুরুচি জ্ঞানের আলোচনা করে, নোংরা সিনেমা, বটতলার উপন্যাস জানেনা। পৃথিবীর বিভিন্ন সাহিত্য ও ভালো সিনেমায় রুচি রাখে। অবশ্য হীরক ও অগ্নিমিত্রা এদেরই কার্বন কপি।

সান্ধ্য চায়ের আলোচনায় হীরক বলছে। শাশুড়ী উপস্থিত বলে জানেন, বুঝলেন বলে আপনি, আজ্ঞি বলে, বলছে। দেখুন এই সময়টার মাপকাটি কিন্তু বিভিন্ন রকমের। গরিব লোকেদের কম আয়ু এবং ধনবান ব্যক্তিরা সাধারণত বেশি আয়ুর হয়। ব্যতিক্রম হয়, তবে খুব কম। বিজনেসম্যান, সিনেমা আর্টিস্ট বা পলিটিশিয়ানরা খুব বেশি বাঁচে। প্রায় শত বর্ষ করে ফেলে। এদের একজনের কার্ডিনাল এজ ধরে নিলাম 95 বছর। এরা কিন্তু বাঁচে অনেক বেশি। এদের 24 ঘন্টা মানে 10 টা লোকের 24 ঘন্টার সমান। X নামক ধনী ব্যক্তি, 1 ঘন্টা ম্যাসাজের আরাম নেয়। 5টা লোক একসাথে এক ঘন্টা করে 5 ঘন্টা সময় দিচ্ছে। চার হাত পা, চারজন আর একজন বডি ম্যাসাজ করছে।

নিজেকে কিছু করতে হচ্ছে না, খালি আরাম খাচ্ছে, আর ভাবছে "মনে হয় স্বর্গে আছি.........."

এরপর খাবার টেবিল, কিছু না করে টুপ করে বসে পরো। পাঁচজন বাবুরচির তৈরি খাদ্য। তিন চার জন বাজার সরকার। দু তিনজন ঘর গোছানো পরিষ্কার রাখা। জামা কাপড় তৈরি রাখা এবং এদের তদারকির জন্য একজন ম্যানেজার। একজন পার্সোনাল অ্যাসিস্ট্যান্ট। এত লোকের এত ঘন্টা সে নিমেষে চুষে নেয়, যেমন ব্ল্যাক হোল সময় চুষে নেয়, এরা অসুস্থ হলে পাঁচ- ছয় জন ডাক্তারের মেডিকেল বোর্ড গভীর চিন্তা মগ্ন থাকে। কাজেই এদের

95 বছর এর গড় আয়ু মানে 95×10=950 বছরের জীবন কাটাচ্ছে। মানে জীবন আয়ু 950 বছর।

গল্পর আসর বেশ ভালো জমে উঠেছে। সত্যিই ভাববার কথা। অগ্নিমিত্রা, এর মধ্যে ফিস ফ্রাই গরম করে এনে, টেবিলে রেখে শুরু করলো, তোমাদের সময়ের আলোচনা গুলো খুবই আকর্ষণীয়। এবার আমার সময়ের কথা শোনো।

আমাদের অ্যাপার্টমেন্টে, যেসব মহিলারা, ডোমেস্টিক হেল্প করতে আসে, মানে ঘর ঝাঁটা মোছা, বাসুন মাজা বা কারোর কারোর ঘরে রান্না করার কাজ করতে আসে, তাদের সময়ের কথা। আমার বাড়িতে সন্তোষ নামে এক অর্ধ বয়স্ক মহিলা কাজ করে। রান্না করতে হয় না, এটা আমরা নিজেরাই করে নিই, যার যখন ফ্রি সময় থাকে। সন্তোষকে দেখেছি সময় বাঁচাতে। প্রায় দশটা বাড়িতে কাজ কোরে, মেয়ে মানুষ করছে একা, বিধবা। মেয়েকে ইঞ্জিনিয়ার বানাবে। তার স্বামী কনস্ট্রাকশন কোম্পানির লেবার ছিল, এবং অ্যাক্সিডেন্টাল ডেথ হয়। মেয়েকে নিয়ে, সন্তোষকে যেতে হয়, স্বামীর কিছু প্রাপ্য টাকা নেবার জন্য অফিসে। মে আলিটিন। ওই শোকা বস্তায় সাইট দেখে, মেয়ে ভাবে ইঞ্জিনিয়ার হবে, এবং মা তার এই স্বপ্নকে সাকার করার জন্য বাড়ি বাড়ি ঝাড়ু, পোছা, বাসুন মাজার কাজ শুরু করে। সন্তসের সময় বাঁচানো, অনেক বাড়ির কাজ তাড়াতাড়ি খতম করে, মেয়ের যত্ন ও পাহারা দিতে হয়। একলা মেয়ে বাচ্চা, শকুনের চোখ, যতই বেটি বাঁচাও, বেটি পড়াও, তারপর বেটির রেপ হয়ে যায়, এই সমাজে। সন্তোষ, সৎ, পরিশ্রমী এবং বিচক্ষণ। আমার বাড়িতে

ঢুকেই গ্রিট কোরে, জলের কল অল্প স্পিডে করে, বালতি বসিয়ে ঝাঁট দেওয়া শুরু করে, ঝাঁট শেষ হলেই বালতি পূর্ণ, তাতে ফিনাইল দিয়ে মোছা। একই সময়ে দুতিনটে কাজ করে ফেলে। একটা শেষের পর অন্যটা শুরু নয়। এইভাবে পৃথিবীর সব সন্তোষ কাজ

করে। নিজের জন্য সময় বাঁচে না। কাজ ধীরে সুস্থে করলে, যে কাজ একদিনে প্রদত্ত, তা শেষ করতে দশ দিন সময় লাগবে। এইভাবে অন্যের জন্য সময় প্রসারিত করে, নিজের সময় সংকুচিত করে। অভাবি লোকের আয়ু পঞ্চাস হলে নিজের জন্য প্রাপ্ত সময় দশ বছর। কাজেই তারা বড়জোর দশ বছর বাঁচে। আর দেখো x নামক ধনী ব্যক্তির 95 বছর, মানে 95×10=950 বছর বাঁচে।

মেন্টাল এজ আর ক্রোনোলজিক্যাল এজের রেশিওতে I.Q [Inteligent Quotient] নির্ধারণ হয়। এইসব বিভিন্ন প্রকার এজের সাথে সত্যি জীবন এজ কে নিযুক্ত করা উচিত। কেউ নশো থেকে হাজার বছর বাঁচছে। সেই জন্যই বোধ হয় গানে "তুমি জিও হাজারো সাল, হ্যাপি বার্থডে টু ইউ...." আর কারোর অভিশাপ লাগে "তুই মরে যা"। তারমানে সত্যি মরে বেঁচে আছে, পঞ্চাশ বছর , আর তার জীবন এজ দশ বছর।

দেখো আমরা মধ্যবিত্ত, না লোয়ার, না আপার। তাই আমাদের জীবন এজ ও মাঝারি। আমাদের জন্য সময় কখনো সংকুচিত হয়, কখনো প্রসারিত হয়। আমাদের সময় বাঁচে ডোমেস্টিক হেল্প নিয়ে। কিন্তু কর্মক্ষেত্রে অনেক কাজ, কম সময়ে করি, সময় সংকোচন করি। ঘরেও একসাথে দশ কাজ করে ফেলি, মা দুর্গার মতো দশভূজা হয়ে।

অপরাজিতা ছেলে, মেয়ে , পুত্রবধূ, জামাই এর আলোচনা মগ্ন হয়ে শুনছে এবং ভাবছে।

অপরাজিতার সময় পর্যবেক্ষণের সত্যি, অভিজ্ঞতা বলছে। জানো আমাদের পাড়ার বৌদি রেনুকা হাউজ ওয়াইফ, চালাক, চতুর।সৎ, ভদ্র, হাবা গঙ্গারাম শ্বশুরবাড়ির লোক এবং স্বামীর, ওপর ভীষণ তর্জন গর্জন করতো, তাও শ্বশুরবাড়ির লোকেরা স্নেহ,মায়া,যত্ন, আদর করতো। প্রচন্ড স্বাধীনতা মানে

স্বেচ্ছাচারিতা করতো রেনুকা বৌদি। তাদের আর্থিক স্বচ্ছলতা বেশি না থাকার জন্য রেনুকাকে রান্না-বান্না করতে হতো। শ্বশুর ,শাশুড়ি বেডরিডন। একটা রান্না বসিয়ে, রাস্তার ধারের দরজায় অন্য বৌদের সাথে দু ঘণ্টা খেজুরে গল্প। সেই সময় দুধ উতলে পড়ে যেতো, কড়াই এর তরকারি পুড়ে ছাই হয়ে যেত। তরকারি কাটতে বসেই উঠে পরা এবং সিনেমার ম্যাগাজিনে,মন দেওয়া, এইভাবে সংসার করতো। সময়ের কাজ সময়ে কখনো করেনি। ব্রেকফাস্ট এর সময় দুপুর বারো টা, লাঞ্চ বিকেল চারটেয় এবং ডিনার রাত সাড়ে এগারোটায়। এসব মেয়েদের পড়াশোনায় মন থাকে না বলে বিদ্যার দোর বিদ্যালয়েই শেষ এবং চাকরি অর্থ উপার্জনের কোনো প্রশ্নই নেই, বিয়ে করে উদ্ধার করে দেয় স্বামী; শ্বশুরবাড়ির লোকজনদের।

এদিকে দেখ, আমার এক বান্ধবী টুটু চাকরি করতো। চাকরির সময় ছয় ঘন্টা এবং প্রায় ছয় সাত ঘন্টা বাসে যাতায়াতে মোট চব্বিশ ঘন্টার বারো, তেরো ঘন্টা বাইরে কেটে যেত। তার বড় জা মঞ্জু মুখার্জি বিদ্যাতে ক অক্ষর গোমাংস, নিজের নামে ঞ হবে না জ্ঞ হবে জনে না, দুটো যুক্ত অক্ষর কি জানেই না। কিন্তু এরা চালাকিতে, ফাঁকি বাজিতে, স্বার্থপরতায় p.hd ডিগ্রী লাভ করা। আমার বান্ধবীর ঘাড়ে প্রতি রাতে রান্না এবং রান্নাঘর ধোওয়ার দায়িত্ব দিয়ে, নিজে পা দুলিয়ে TV দেখতো শাশুড়ির সাথে। সময় কিল করার জন্য ফালতু, আলমারি খুলে শাড়ি, বের করা, ভাজ খোলা এবং আবার ভাঁজ করে সময় নষ্ট করত, ও নিজেকে ব্যস্ত রাখতো, নেই কাজ তো খই ভাজ করে। ছুটির দিনগুলোতে দিনে রাতে টুটুর উপর রান্নার দায়িত্ব। মঞ্জু মুখার্জি নামে বাথরুমে, কমসে কম দের দু'ঘণ্টা কাটাতো, ঘরের কাজ না করার জন্য। ফালতু কারণে ওয়াশরুমে বারবার যাওয়া ও বসে থাকা। টুটু সময় বাঁচিয়ে চাকরি ও ঘরের কাজ করতো।

অগ্নিমিত্রা- দেখো মা, যারা প্যারাসাইট, অশিক্ষিত, অসভ্য, স্বার্থপর তারা অত্যন্ত চালাক, চতুর ও নির্লজ্জ হয়। কি করে অন্যের সময় টাকে চুষে নিংড়ে নিতে হয় তা ভালো করে জানে।

অপরাজিতা অল্প বয়সে জীবনসঙ্গী হারানোর দুঃখ এবং

তার সাথে ছেলে, মেয়ের দায়িত্ব, চাকুরী সব সামলাতে জীবনের স্বর্ণযুগের সুখ উপলব্ধি করতে পারেনি। জীবন সঙ্গী কে হারানোর দুঃখ সে ভুলবার নয়, কিন্তু এখন সুখের সময়, ছেলে মেয়ে ভালোভাবে শিক্ষা লাভ করে প্রতিষ্ঠিত হয়েছে এবং তাদের যথার্থ জীবনসঙ্গী এসেছে। এখন অপরাজিতা, জয় লাভ করেছে। এই সময় তার জীবনে স্বর্ণযুগ।

(6)
ক্যাটারাক্ট

দিল্লি-মহানগরী, রকেটের গতিতে ব্যস্ততা। থামার সুযোগ কম। এখানে ভারতবর্ষের সমস্ত প্রদেশ থেকে মানুষ এসে বসবাস করে, কর্ম জীবিকার সন্ধানে।

পশ্চিমবঙ্গের রাঢ় অঞ্চলের থেকে অজয় মুখার্জি তার জামাই বাবুর আশ্রয়ে দিল্লী বাসি হয়ে উঠলো। এখন তার বয়স 67, বিশিষ্ট প্রসিদ্ধ কোম্পানির উচ্চাসনে আসীন। জামা কাপড় ও অন্যান্য আনুসঙ্গিক প্রশাধনে উচ্চ ধনতন্ত্রের প্রকাশ। স্মার্ট, ক্যারিসম্যাটিক। চাল-চলনে চুম্বকীয় আকর্ষণ আছে। দিল্লির সবকিছুতেই বেশি, অজস্র স্কুল কলেজের সাথে সাথে অজস্র হাসপাতাল, থানা, আদালত, ইঞ্জিনিয়ারিং ডিপার্টমেন্ট। অজস্র রাস্তা। বড় বড় রাস্তা যেমন আছে সুন্দর স্মুথ, তেমনি আছে এবড় খেবড় সরু পঙ্কিল গলি। জীবনের অনেক রাস্তা যেমন সুষ্ঠ-সুন্দর স্বচ্ছ, তেমনি জীবনের অনেক রাস্তা আছে কর্দমাক্ত অমসৃণ। ধন বৈষম্যের স্কেল এখানে ভীষণ বড়মাপের। নামী গাড়িতে যারা যাতা-য়াত করে, তারা সরু পাতলা গলির বস্তির মানুষ গুলোকে চিনতে পারেনা।

অজয় মুখার্জির বন্ধুবর্গ অনেক। বড় বড় হাসপাতালের সব ডিপার্টমেন্টের বিশিষ্ট ডাক্তারদের সাথে চলা ফেরা, ক্যান্টিনে খাওয়া। সমস্ত ডিপার্টমেন্টের ভৌগোলিক ম্যাপ কণ্ঠস্থ। সেখানে

টেকনিশিয়ান, নিম্নবর্গের কর্মচারীরা সেলাম করে, এত বড় মাপের দিল্লি জয়ী অজয়কে। জয়ের জেনিথ পয়েন্টে এরই মধ্যে পৌঁছে গেছে।

শুধু নিজের সার্কেলটা হসপিটালের মধ্যেই সীমাবদ্ধ রাখেনি। বড় বড় পরিধির সার্কেল। আইন রক্ষাকারী ডিপার্টমেন্টের হত্তা-কর্তারা সমাদর করে, প্রিয় বন্ধু প্রিয়জন হিসাবে।

এখানে পুলিশ ডিপার্টমেন্টের প্রণয় নাথ ক্রিমিন্যাল ব্রঞ্চের সর্বোচ্চ কর্তা, তার ঘনিষ্ঠ বন্ধু। অজয়ের সব মুশকিল, আসান করে দেন। I.P.S, I.A.S মহলেও গতিবিধি, IPS স্নেহাশীষ চৌধুরীর প্রিয় অজয় ভাই। খুব বড় নেটওয়ার্ক বানিয়ে সিমবায়োটিক রিলেশন সিপ তৈরি করে রেখেছে। কালো নোট সাদা করার মানি লন্ডারিং মেশিনে ও গতিবিধি, সদা হাস্য অজয় মুখার্জির। সমস্ত শক্তিশালী মহলে উপহারের সম্ভার নিয়ে দীপাবলিতে সহাস্য বদনে উপস্থিত থাকে বছরের পর বছর, সখ্যতার বন্ধন সুদৃঢ় হয়। ডাক্তার শ্রেণী ও এই বিষয়ে বঞ্চিত হন না।

পুলিশ ডিপার্টমেন্টের দিল্লি ব্যাপী সমস্ত শাখা-উপশাখাতে ছড়িয়ে ছিটিয়ে থাকা ছোট, বড়, মাঝারি কর্মচারীর প্রিয় অজয় ভাই, অজয় দাদা।

এমনই একজন কর্মী শম্ভু ব্যানার্জি, তার সাথে ছোট ভাই এর মত সখ্যতা, তার বাড়িতে সান্ধ্য নেশার আনন্দ, দাদা-ভাই মিলে নেয়।

বিখ্যাত কোম্পানীর ইঞ্জিনিয়র, ডাইরেক্টর সকলের ঘরে তার অবাধ যাতায়াত। তাঁদের স্ত্রীরা কেউ তার দিদি, কেউ বৌদি। কেউবা ম্যাডাম সম্বোধনে সম্ভাষিত। তাঁদের স্বাস্থ্যের দেখাশোনার ভার স্বেচ্ছায় কাঁধে তুলে নিয়েছে। কখন কোন ডাক্তার দেখানো হবে

কণ্ঠস্থ। ভগবান চব্বিশ ঘন্টার বদলে বাহাত্তর ঘন্টার দিন দিলে অজয়ের ভালো হতো।

ঘরে নাওয়া খাওয়ার সময় নেই। কিন্তু পিরিওডিক্যালি স্ত্রী রূপার ওপর গালি-গালাজ মার ধোর এর বিনোদন চালায়। ঘরটাকে স্লটার হাউস বানিয়ে আনন্দ। ঘরের কোন দায় নেই দায়িত্ব নেই, স্বামী স্ত্রীর সম্পর্ক নেই। কাজেই ঘরের দায়িত্ব, শিক্ষিকা স্ত্রী রূপার উপর পরে। বাচ্চার সাথে সময় কাটানোর দরকার ছিল না, এই ব্যস্ত মানুষটার।

হাতী সিংহের পা জখম হলে তার সর্বশক্তি, যন্ত্রণার কাছে কুপকাত। মানুষও খুব বেবশ। বড় বড় পোস্ট হোল্ড করা ব্যাক্তি এবং তার পরিবারও অসুখের কাছে বেবশ। মানুষের এই দুর্বলতা কে অজয় মুখার্জি খুব ভালো করে স্টাডি করে রেখেছে। এই সব বসেদেরও তাদের পরিবারের অসুখে, ইমিডিয়েট তার ব্যবস্থা যাতে হয় তার জন্য অজয় সদা জাগ্রত। অজয় মানুষের এই চরম দুর্বল মুহূর্তকে কাজে লাগায়, তাদের বিশ্বাস ভাজন ও ওয়েল-উইসার হয়ে, বিনিময়ে নিজের চাকুরির পক্কতা এবং সব আনুকূল্য জোগাড়। অপেক্ষাকৃত নিচু শক্তির মানুষের কাছে নিজের জলবা সলবার প্রদর্শন, নিজেকে কেস্ট বেস্ট শ্রেণীর মানুষ হিসাবে প্রকাশ।

সভ্য, স্বচ্ছ ব্যক্তি পড়াশুনার দ্বারা উঁচুতে পৌঁছায়। একো নিষ্ঠ ব্রহ্মচর্যে, মাছের চোখের দিকে দৃষ্টি দিয়ে পড়াশোনায় নিয়োজিত করে। স্বচ্ছ আলোকিত সিঁড়িতে ধাপে ধাপে চড়ে বিভিন্ন তলের মাধ্যমে সামিটে পৌঁছায়।

অজয় মুখার্জি স্কুলে প্রবেশ করেনি, তার কারন তার ভগবান বাবা মা, এবং প্রবল সেক্স হরমোনের তাণ্ডব। যৌবনের শুরুকি, বাল্য থেকেই এই ব্যাপারে নিবিড়-গভীর ভাবে আসক্ত। একটাই জীবন, দুটো ক্ষুদা: পাকস্থলী ও যৌন ক্ষুধা তৃপ্তি করার জন্য এলার্জি ইন এড়ুকেশন। কিন্তু আলোকিত সমাজকে দূর থেকে প্রত্যক্ষ

করে, অন্ধকার পঙ্কিল লিফটে চেপে আলোকবর্তি সমাজের চোখে ধুলো মেরে রমরমিয়ে আছে এই রকবাজ অজয়। নিজের কোন বজুদ নেই। একটা ছোট্ট জোনাকি পোকার নিজস্ব আলো থাকে, আলোকিত করে, এই আলোর সৌন্দর্য আছে। এই অজয় মুখার্জি পঙ্কিল অত্যন্ত নোংরা নর্দমার, গভীর অন্ধকারের দুই পেয়ী পরাশ্রয়ী জন্তু। অন্যের আলো চুরি করে নিজেকে আলোকিত করে। নিজের ইন্ট্রোডাকশান দেয় রেফারেন্সের দ্বারা M.P, মন্ত্রীর নাম নিয়ে স্টেপ বাই স্টেপ পায়ের তলার গদগদে নোংরা নালী থেকে, মাটি শক্ত করতে করতে গ্র্যানাইটের মত শক্ত শক্তিশালী পাথরে দাঁড়িয়ে, হুমকি চমকি ভয় দেখায়, স্বচ্ছ, সরল শিক্ষিত শিক্ষিকা স্ত্রীর উপর। প্রত্যক্ষ ও পরোক্ষভাবে ভীষণ, ভয় দেখায় এবং অত্যাচার করে। স্ত্রীকেও রেফারেন্স করে নিজের পায়ের তলার মাটি শক্ত করেছে। হুমকি দেয় "যা কি করবি? আমি তো মোজ করেছি,করছি। তুই আমার বাল বাঁকা করতে পারবি না।" বুল ডগ টেনাশিটি পড়াশুনায় না লাগিয়ে, socio-political শক্তিশালী ব্যক্তির পায়ে, তেল, মাখন ইত্যাদি লাগাতে লাগাতে এই বুলডগ টেনাশিটি বজায় রেখেছে, রাখছে শৈশব থেকে মৃত্যু পর্যন্ত। অনেকে অগ্রাহ্যের লাথি মারলেও বন্ধু সমাজে ওই ব্যক্তি কত খাতির দানি করেছে বলে গর্বিত। অবশ্য তেল মাখানো বেশিরভাগ ক্ষেত্রেই সার্থক হতো।

বাইরে এতো যার প্রসিদ্ধি, বিনয়ী ভালো-মানুষ, সমাজ সেবক কিন্তু ঘরে স্ত্রী বলে যাকে নিয়ে এসেছে, তার প্রতি কোন শারীরিক, মানসিক, ইমোশনাল আকর্ষণ নেই। শুধু তাকে প্রতিদন্ধি ভেবে শারীরিক, মানসিক, ইমোশনাল, অত্যাচার করে। প্রচন্ড হিংসাতে উন্মাদ ও অন্ধ। রুপা যদি অজয়ের বাবা, দাদা, ভাইপোর বিবাহিত জীবনের দায়িত্ব-কর্তব্য বলে, বন্ধুরা কেমন যত্নে রাণীর সম্মান দিয়েছে স্ত্রীকে, বললে বলে "আমার দেখার দরকার নেই, কে রানী করে রেখেছে।" ও শুধু ক্রীতদাসী বানিয়ে স্বাধীনতা, সম্মান কেড়ে

অত্যাচার করবে। কোন দায় নেই, দায়িত্ব নেই। স্ত্রী ও সন্তানের গুণের খ্যাতিকে নিজের হাতিয়ার বানায়, দরকার পড়লে সেই সন্তানকে বিষ দিয়ে মেরে দেবো বলতে থাকে। যখন পরিস্থিতি কোন রকমে সামলানো যাচ্ছে না, রুপার সন্তানের ওপর দায়িত্ব শেষ, মানে বড় করা পড়াশুনা ইত্যাদি তখন রুপা তার স্বামীকে তার স্বভাব ও শিক্ষার মান সম্পর্কে বলতে থাকে। শোনে না, কানেই নেয় না, এত বড় বেয়ারা। "ফোন করবি না, খাবার বানাবি না" ইত্যাদি ধমকি। কথাগুলো তো তাকে শোনাতে হবে। কিন্তু ভূবি ভুলবার নয়। রুপার মেসেজ শুরু হল, তার মুখে আয়না ধরার জন্য। তখন শয়তানের ফোন ব্লক করার মজা।

এত ব্যস্ততার ফলে শরীর জবাব দিল। একটা ভাইটাল অর্গ্যানের অপারেশন। জেনারেল এনাস্থেশিয়া দিয়ে অনেকক্ষণের সার্জারি। সার্জারির পর পুরো জ্ঞান ফেরেনি। কিন্তু কথা বলছে।

এনাসথেশিয়ার ঘোর, অজয় বলছে- "আমি কোনদিন স্কুলে যায়নি। আনএডুকেটেড, আনকালচার্ড, আনসফিস্টিকেটেড, আনগ্রেটফুল। এলার্জি ইন এডুকেশন, আমি বাইসেক্সুয়াল, আমি সেক্সহলিক। আমি রুপার উপর থার্ড ডিগ্রির পুলিশি অত্যাচার করেছি। দাম্পত্য জীবনের সুখের থেকে বঞ্চিত করেছি। আমি জিরো হয়ে হিরো বনেছি। রুপা তোমার পায়ে পরি আমাকে ক্ষমা করে দাও।"

ডাক্তারবাবু বলছেন ভুল বকছে। রুপা বলল, না ডাক্তারবাবু এতদিন সচেতন অবস্থায় সব মিথ্যা কথা বলেছে। এখন অচেতন অবস্থায় সব সত্যি কথাই বলে ফেলেছে।

উচ্চপদস্থ, উচ্চ-শিক্ষিত মানুষ এক জায়গায় ধ্রুবতারার মতো অবস্থান করেন। কিন্তু অজয়ের মত মানুষকে, কেন এত কন্ট্যাক্ট বানাতে হয়, ভাববার বিষয়! কিসের উদ্দেশ্যে হকার এর মতো সর্ব দুয়ারে ঘুরে বেড়ানো। এত বড় নেটওয়ার্ক কিসের জন্য? এই

মানুষটা সর্বত্র ঘুরে বেড়ায় এবং ইন্ট্রোডিউস করে রেফারেন্স ও রেকমেন্ডেশনে। এর কি কোন বজুদ নেই নিজস্ব। একটা জোনাকি পোকার নিজস্ব একটা ছোট্ট আলো থাকে। যেটা নিজের কোন রেফারেন্স, রেকমেন্ডেশনের প্রয়োজন হয় না। চুরির আলো, ধার করা আলো নয় নিজস্ব আলো।

বিজ্ঞানের উচ্চ শিক্ষিত মানুষ বিজ্ঞানে ডুবে থাকে বলে মানুষ চিনতে অসুবিধা হয়। ডাক্তার, ইঞ্জিনিয়ার অজয় কে চিনতে পারেনি।

কিন্তু আইন রক্ষা, শান্তি-শৃঙ্খলা লাইনে, ক্রাইম নিয়ে শিক্ষালাভ করেও, ক্রিমিনাল চিনতে ভুল হয়। তাদের চোখের ক্যাটারাক্ট অপারেশনের দরকার।

(7)

তোতো-ভাই

চোরে চোরে মাসতোতো ভাই, এই প্রবাদ বচন আমরা প্রায়শই ব্যবহার করি। বিশেষত বর্তমান যুগে, অধিকাংশ স্বার্থান্বেষী লোভী হুশ বিহীন মনহুস সম্প্রদায় এই সম্বন্ধ টাকে ভালোভাবে সুদৃঢ় করেছে।

জেড়তোতো, মামাতোতো, পিসতোতো খুড়তোতো, ইত্যাদি তোতো কাজিনের পরিধি ছোট। বর্তমান যুগে তোতো দের বৃহৎ পরিবার।

এই পরিবারের তোতো কাজিন চামচা তোতো, সময়টা উনিশো নয় এর দশক। সাম্যবাদী পার্টির কিছু বৈষম্যবাদী জননেতা যারা স্বজন এবং দুর্জন পোষাটাই জীবনের ব্রত বানিয়ে রেখেছেন, তাদের ছত্র তলে এই চামচা তোতোরা হৃষ্ট-পুষ্ট বল বান হয়ে সগৌরবে দাপিয়ে বেড়াচ্ছে।

রাজধানী ট্রেন নিউ দিল্লি থেকে হাওড়া গামী। শনিবার উঠছেন বিভিন্ন কনস্টিটিউশন এর স্বনামধন্য এমপির দল। এক একজন এমপি পিছু পাঁচ-ছয় জন তোতো। কেউ সুটকেস, কেউ ফাইল, কেউ ছোট হাত ব্যাগ নিয়ে মহা ব্যতিব্যস্ত। কে কত সেবা দিতে পারবে, আর তার বদলে মেওয়া নিতে পারে। তোতোদের মধ্যে অভয় বেশ নাম কামিয়েছে, সাহাস্য বদন ও সুন্দর জামা কাপড়ে সজ্জিত। মাথার ভেতরের বদ গুন গুলো কেউ, সুসজ্জিত মুখোশের আড়ালে রাখা।

অভয়ের ওয়াই-ফাই খুব মজবুত। নেটওয়ার্ক সিস্টেম কখনো দুর্বল হয় না। 2nd কাজিন তোতো গুলো অন্য রাজনৈতিক দলের। কিন্তু মত বিরোধ, মতান্তর নেই, হ্যাঁ তে হ্যাঁ, আর নাতে না মেলা বার দক্ষতা। চটায় না কাউকে, তাই খুব শীঘ্রই আত্মীয়তার বন্ধনে আবদ্ধ করে ফেলে।

এই অভয়ের অনেক কারাপ্ট তোতো কাজিন আছে। ছেলেবেলায় পাড়ায় পাড়ায় জাদু দেখানোর জন্য, গরীব জাদুকর নিজের পরিবারের ভরণপোষণের জন্য ডুগডুগি বাজিয়ে কিছু হাতের জাদু দেখাতো, রুমাল হয়ে গেল বিড়াল ইত্যাদি। তাতে কেউ চিটেড হতো না। সৎ উপার্জন, নিছক গরিব পাড়ার বাচ্চাদের মনোরঞ্জন। এখন সমাজে অনেক জাদুকর আছে যারা কালা ধন সাদা ধনে পরিণত করে।

এখন কালা ধন, সাদা করা জাদুকর রাও তোতো পালে। এই তোতো কালা কালা মুরগি নিয়ে যায় এই জাদুকরদের কাছে, এখানে সুন্দর লন্ড্রি আছে, কালো মুরগি গুলো ড্রাই ক্লিন হয়ে সাদা মুরগিতে পরিণত হয়। অভয় কারাপ্ট তোতো ভাইদের এজেন্ট। এই এজেন্সিতে খুব সমাদৃত।

অভয়ের গুন্ডা তোতোর সংখ্যাও বিপুল। এরা কনস্ট্রাকশন সাইটে হাতে হাতে ধরা। টেন্ডার, কমিশন পাইয়ে দেওয়া এবং নেওয়া। রঙ্গিন নাইট ক্লাবে মদ, মেয়েছেলে নিয়ে পসার সাজায়। ঘরে এই তোতো দের স্ত্রীরা, স্বামী কখন ঘরে ফিরবে, পথ চেয়ে বসে থাকে। এই পত-ঝররা স্কুলের ড্রপ আউট। বিদ্যা বিকর্ষণ, পড়াশুনোর কথা বললে, গায়ে বিছুটি লেগে যায়। পারিবারিক বিভিন্ন প্রকার তোতো ভাইয়ের সংকীর্ণ গণ্ডি ছাড়িয়ে বৃহৎ পৃথিবীর বিভিন্ন প্রকার তোতো ভাইদের সন্ধান করে, এবং অনেক অনেক বৃহৎ ভান্ডার আবিষ্কার করে। ব্যাক-বেঞ্চারর্স,পতঝর,বিদ্যা বিমুখ চাকমা ধারী সামিটে পৌঁছালো ঠগ জোচ্চর। বিভিন্ন রকমের জন্তুর

অনেক অনেক গুন এই তোতো ভাইদের। এদের গায়ের চামড়া গন্ডারের মতো শক্ত। পড়াশুনার বুদ্ধিতে ছাগল, গরু, মোষ, গাধা, পাঁঠা শ্রেণীর। চোখ শেন পাখির মত, খুব দূর পর্যন্ত দেখতে পায়, কোথায় কোন তোতো আছে তার হিসাব আঙুলের ডগায়। এদের চোখে লজ্জার পর্দা নেই, তাই ছানি পড়ার সম্ভাবনা নেই। নিরীহদের ওপর আক্রমণ করতে কুকুর- শেয়াল, হায়না, নেকড়ের মতো দাঁত নোখ। এবং সেই দাঁতে কোবরার বিষ। এদের লেজে পা দিলে ছোবল খেতেই হবে। এরা জলে কুমির, ডাঙ্গায় বাঘ অতন্দ্র প্রহরী। পলিতোতোরা পলিটিক্স বসেদের থেকে ভালো জানে। এমন সুন্দর নেটওয়ার্ক তৈরি করে, যে মাকড়সারাও অতো ভালো নেট বুনতে পারে না। মাকড়সা জাল পাতে নিজের খাদ্য ধরা পড়লে, তার রস নিংড়ে/. বের করে আত্মসাত করে।

এই পলি তোতোরা জাল পাতে তাতে ডাক্তার, ইঞ্জিনিয়ার, পুলিশ আধিকারিক, উকিল সমাজের উচ্চপদস্থ শক্তিশালী লোকেরা এই অদৃশ্য জালে ধরা পড়ে।

অভয় তার অসাধারণ গুনে বিশিষ্ট এজুকেটেড লোকেদের এজুতোতো ভাই বানায়। বিশিষ্ট হাসপাতালে ডিপার্টমেন্টাল হেড কে সম্বোধন করে, নাম ধরে এই "অর্ণব"।

এই অভয়ের কোন ভয় নেই। এর ফেক আইডেনটিটি গুলোকে এজু তোতোরা সত্যি জানে। তাদের কনফিডেন্স গেন করেছে, চারশো বিশি করে, ভালো সৎ মানুষের মুখোশ এঁটে। তারা জানে না এই মুখোশের পেছনের অশিক্ষিত কুশিক্ষিত চোর বর্বর, ব্যাভিচারীর মুখটাকে। এই এজুতোতোরা বুঝতে পারে না, বা বুঝেও বোঝেনা। তাদের পাওয়ার কে কিভাবে নিংড়ে নিতে হয় এই পলি তোতোরা খুব ভালো জানে। গিভ অ্যান্ড টেক পলিসিতে চলে। সুন্দর সিমবায়টিক রিলেশন চালায়। এরা বিয়েটাকে বাণিজ্য বানিয়ে রেখেছে।

(৪)

ফেমিনিস্ট

আমার নাম রুবি। বিয়ের আগে বাবার দেওয়া পদবি রায় এবং বিয়ের পর স্বামীর দেওয়া পদবী মুখার্জি। কেন? পুরুষদের তো কোন পদবী বদল হয় না। এখনো বংশ বলতে পুরুষ বংশ। বাবার বাবা, তার বাবা, তার বাবা.........। হিন্দুদের অন্নপ্রাশন থেকে বিয়ে এবং তর্পণে চোদ্দ পিতৃপুরুষের নামকরা হয়। মায়ের মা, তার মাদের স্থান কোথায়? ফ্যামিলি ট্রিতে দুই এর ঘাতে বোঝানো হয় বংশ। এটা বিজ্ঞান। তেইশ-তেইশ ক্রোমোজোমের বন্ধন। একা পিতার তেইশ ক্রোমোজোমে, ছেচল্লিশ ক্রোমোজোমের মানুষ তৈরি হয় না। জবরদস্তি সমাজ অন্ধকারে থাকতে ভালোবাসে। একটি মেয়ে নিজের কোন বজুদ থাকবে না। স্যান্ডউইচ এর মত উপরে ভার, নিচে ভারে ভারাক্রান্ত।

রুবি কে যদি জিজ্ঞাসা করা হয় তোমার নাম কি? রুবির উত্তর- ----রুবি Bank 1958। এই Bank 1958 কি? জন্মস্থানের সংক্ষেপ এবং জন্ম বর্ষ। দাবিয়ে রাখা সম্প্রদায় তর্ক জুড়বে Bank 1958 এ অনেক লোকের হবে, তাহলে identetify কি করে হবে? রুবির উত্তর কিছুটা identetify রুবি নামে। অন্য Bank 1958 গুলো বাদ চলে গেল। এবার অনেকের নাম ঐ জায়গায় এবং ঐসনে, রুবি থাকলে অন্য উপায় থাকে আইডেনটি ফিকশনের। অনেক রুবি রায় আছে, অনেক রুবি মুখার্জি আছে তাহলে যেভাবে তাদের আইডেন্টিফাই হয় সেইভাবে হবে। লক্ষাধিক রায় বা মুখার্জিতে

অসুবিধে না হলে একটি ক্ষুদ্র জায়গায় একটি বছরে অত্যন্ত অল্প সংখ্যক বাচ্চা জন্মায়। এবং এইটি small এবং constant no হবে। রায় মুখার্জি সংখ্যা বাড়তে থাকবে। chemistry এবং biology তে Nomenclature অত্যন্ত scientifically হয়। এখানে পদবী ও scientifically হওয়া অত্যন্ত প্রয়োজন, এখানে নামের সাথে জাতধর্মের বিবাদ ও কিছুটা কমবে।

একটা জায়গায় ইমারজেন্সি, দরকারে যেমন লাগু হয়, এবং প্রয়োজনে সেটার সমাপ্তি হয়, তেমনি ফেমিনিস্ট কোন পার্মানেন্ট আন্দোলন নয়। পুরুষ নারী একে অপরের পরিপূরক, শত্রু নয়। এখানে প্রেম বন্ধন এবং বংশধর সৃষ্টি হয় উভয়ের মিলনে। একটি মেয়ের, বাবা, ভাই, স্বামী পুত্র এরা সবই পুরুষ এবং অন্যদিকে একটি ছেলের, মা, দিদি, স্ত্রী, কন্যা, সবাই ফিমেল। সমাজ ব্যবস্থা তৈরি করেছে মেল ডোমিনেশন। নারী স্বাধীনতা, নারী শিক্ষা, নারী জাগরনের পথ প্রদর্শক রাজা রামমোহন রায়, বিদ্যাসাগর প্রমুখ ব্যাক্তি পুরুষ। কিন্তু কিছু মেরুদণ্ডহীন কাপুরুষ শক্তি ফলায় অসহায় মহিলাদের উপর। এটা সমস্ত নারী জগতের জন্য অপমানজনক। কিন্তু স্বামীর চোখের মনি যারা, স্বামীকে বশীভূত করা মহিলারা, সমগ্র নারী জাতির এই অপমানকে গ্রাহ্য করে না,controlling অর্থটি হয়ে, সতী স্বদ্ধী মহিলা প্রিটেন্ড করে এবং ভাষণে পতি পরমেশ্বর দেখায়। তারা এই আন্দোলনের বিরোধিতা করে এবং negative catalytic agent এর কাজ করে।tradition এর নামে ভণ্ডামি করে।

এইসব নারীদের সংগঠনের জায়গা দুর্গাপূজো, কালীপুজো, সরস্বতী পুজোর মন্ডপ। মাথা ভর্তি সিঁদুর এবং শাঁখা পড়ে, বরকে বুদ্ধু বানিয়ে মা কালী হয়ে, শিব নামক বরের বুকে চেপে নাচে। আর বলে পয়সা দে, শাড়ি দে, গয়না দে বাড়ি দে, গাড়ি দে ইত্যাদি ইত্যাদি। সকলের জন্য প্রযোজ্য নয়। কিছু স্বার্থান্বেষী মহিলারা অন্ধ বানিয়ে রাখছে পুরুষ শ্রেণী কে। মুখে পতির গুণে মুখরিত স্বদ্ধী নারী সরলা, পতি অনুগামীনি। পতিকে নিজের বাবার বাড়ির সদস্য

বানিয়ে নিজের মাতা-পিতার সেবা যত্ন করিয়ে নেয়। এইসব anti feminist ফিমেল, ফিমেল নামের কলঙ্ক। সমাজে সংসারের নিজের প্রভাব প্রতিপত্তি বজায় থাকুক, কিন্তু অন্য নারীরা নিগ্রহিত হোক। সমাজ ব্যবস্থার সুধার তারা চায় না। নিরীহ অত্যাচারিত দুর্বল নারীর পাশে দাঁড়ানো তো দূরের কথা, তাদের দূর দূর করে তারায় এবং উপহাস করে। এইগুলি সুভ বুদ্ধি সম্পন্নদের জন্য নয়। সমাজের কিছু মহিলা দের দৃষ্টিভঙ্গি।

ফেমিনিস্ট আন্দোলন মানে যুদ্ধংদেহী নয়। যে অধিকারের অবমাননা, মর্যাদার অবমাননা হয়েছে তার উদ্ধার। সমান অধিকার সমান মর্যাদার সাথে কো-এগজিসটেন্স।এখনও ঘরে ঘরে অত্যন্ত মার ধোর অত্যাচার হয়, গালি গালাজ অবজ্ঞা, তুচ্ছ তাচ্ছিল্য, করা হয় অনেক অশিক্ষিত পরিবারে। সব অশিক্ষিতদের মাঝে শিক্ষিত গৃহবধূ চলে এলে এবং সে ইনোসেন্ট হলে চরম দূরগতি। হাতি কাদায় পড়লে চামচিকেতেও লাথি মারে। পণপ্রথা, দান ইত্যাদি নোংরা লোভের বশবর্তী শ্বশুরালয়। ঘর খরচা বলে পোন চায়, তাহলে মেয়ের বাড়ির খরচাটা তারা দেয় না কেন? কোন লজিক নেই দেখানোও হয় না।

দজ্জাল প্রকৃতির লোভী মহিলারা সুযোগ সন্ধানী, দেখে দেখে নিরীহ বর ও শ্বশুর ঘর আবিষ্কার করে। বাক্যবান অধিকার, গভার্ণ করার অধিকারী হয়। এই সংখ্যাও খুব কম নয়। তারা অর্থ উপার্জন না করে সমস্ত অর্থের অধিকারী হয়ে যায়।

নারী পুরুষ একে অপরের পরিপূরক। বোকা বানানো নয়, ঠগানো নয়। পুরুষ চাকুরি করে বা ব্যবসা করে অর্থাৎ কাজ করে বাইরে, টাকা ঘর চালানোর জন্য আনে, সেখানে অনেক নারী অর্থ উপার্জন করে না, তাদের নিশ্চয়ই উচিত ঘরের কাজ করা। ফেমিনিস্ট ডিক্লেয়ার করে ঘরে কাজ করবো না, বা কাজ করে ওবলাইজড করব তা নয়।

(9)

দিবাস্বপ্ন

ছেলেবেলায় পড়া, রামুগোয়ালা বেশি লাভের আশায় দুধে জল মেশাত, এবং রাস্তায় যেতে যেতে বেশি লাভের আশায় মগ্ন, তখনই রামু গোয়ালার দুধের ভাঁড়-ফট, ফট, ফটাক।

রমিতা প্রায় সময়ই নেগেটিভ চিন্তা ধারায় বয়ে চলে। কারণ তার জীবনে, কোনো ভালো কিছু হয়নি। তার জেনেটিক্যালি ও পরিবেশ গত সারল্য তাকে পুরো জীবন বোকা বানিয়েছে, ধোঁকা দিয়েছে। জীবন শব্দটা তার কানে শোনা। কিন্তু প্রকৃত অর্থের আংশিকভাবে উপলব্ধি করে পঞ্চাশ ঊর্ধ্বে। চাঁদ কে দেখলে যেমন বোঝা যায় না, বা প্রশ্নই উঠে না তার পিছন দিকটা অন্ধকার। চাঁদ কেন যে কোন অসচ্ছ বস্তুতে আলো পড়লে, তার পিছন সাইড কালো। মনের মধ্যে এই দুঃখের কালোকে, সুখী মানুষ দেখতে পায় না, বুঝতে চায়না। বিদ্রূপ করে নেগেটিভিটিকে। ভাগ্যবান, ভাগ্যবতীরা সুখের, স্বাচ্ছন্দের আলোর সমুদ্রে অবগাহন স্নান করেন। কিন্তু ভালো মানুষ, ক্রূর শয়তানের শাসন শোষণে, অন্ধকারের কড়াল তলে তলিয়ে যায়। জীবনটা ব্ল্যাক-হোলে পড়ে যায়। কখন যে ষোড়শী থেকে সিনিয়র সিটিজেন হয়ে যায়, তা সে টের পায়না। ব্ল্যাক হোল নাকি সময় পর্যন্ত সাক করে। ষোলো থেকে ষাট কাটানোর নরক থেকে উদ্ধার পাবার যুদ্ধ। নিজের জীবনের রং, রস, যৌবনের সাধ, মামা চাটনির মতো, স্বাদ উপলব্ধি করতে পারে না। শুধু কর্তব্য এবং বেশ কিছু গলতি করে বসে নিজের অজান্তে। গতানুগতিক

প্যারেন্টিং এর ভুল করে বসে নিজের সন্তানের উপর। সন্তানেকে বুঝতে বড্ড দেরি হয়ে যায়।

দুর্ভাগ্যবশত তার ইরদ গিরদের মানুষজনের দূর ব্যবহারের জন্য সব মানুষের উপর কোশ্চেন মার্ক। ওরা কেন এত বদমাশ। ভগবান কেন বদ-দের সাপোর্ট করে? বেশি পোঁঙা পন্ডিত মানুষ পূর্বজন্ম নিয়ে লেকচার দেয়। পূর্বজন্মের ওপর বিশ্বাসী নয়। যদি মেনে নেওয়া যায় তর্কের খাতিরে, তবে যে জন্মের, অস্তিত্ব নেই, এই ইহ জন্মে তার পাপ পুণ্য? ভগবানের অস্তিত্ব সম্পর্কে নাস্তিকতার প্রকাশ পায়। আস্তিক মনে ভগবানকে ভাবলে মনে হয়, সে কেন এত অন্যায়কে সাপোর্ট করে, আর সত্যি ভালো মানুষের দূরগতি দুর্ভাগ্যের অন্ত নেই। কখনো কখনো ভগবানকে গালি দেওয়া বা মূর্তি ছুঁড়ে দেবার বাতিক ও তাকে পেয়ে বসে।

রমিতার এই নেগেটিভ জগতে কখনো কখনো আশার আলো জ্বলে। ভাবতে বসে কম্পিউটার শিখে আমেরিকায় যাব। নিজের পরিচিত কিছু সহকর্মী, বাংলা শিক্ষিকার বাংলা জ্ঞানের পরিচয় পেয়ে, ভাবে পিওর সাইন্সের ছাত্রী এবং গণিত শিক্ষিকা হয়েও দেখিয়ে দেবো বাংলায় M.A করে। তার পুরানো অধ্যাবসায় কে আবার জাগ্রত করে এই দুঃখী জীবনকে সফল জীবন বানাবো। অহংকার না জানার এবং, ডাউন টু আর্থ হবার খেসারত, তাকে অনেক দিতে হয়েছে। হাতী কাদায় পড়েছে চামচিকেতেও লাথি মারছে।

নিজের জীবনের রিক্ততা, শুষ্কতা কে অতিক্রম করে, সৎ চেষ্টার দ্বারা সমাজে নিজেকে প্রতিষ্ঠিত করবো এবং যারা তাঁদের জীবনকে নরক বানিয়েছে তাদের মুখে তামাচা মারবো, অহিংসার পথে। বিখ্যাত হয়ে দেখিয়ে দেব।

তার পরই ফট, ফট, ফটাস। রামু গোয়ালার দুধের ভাঁড় ফেটে যায়। দিবা স্বপ্নের ঘোর কাটাতে চায়ের কাপে চুমুক দিতে হয়।

(10)

বরবাদ

মনিমালা-ঘুমিয়ে গেলি নাকি? না ঘুমাই নি, বল অদিতি। অদিতি-জানলি জীবন একটা ভয়েজ। যেমন ছোটবেলায় সিনবাদ এর ভয়েজ শুনেছিলাম। এই অদিতির জীবনের ভয়েজ কম নিষ্ঠুর নয়।

বর মানে হাসবেন্ড। বর মানে আশীর্বাদ। সবগুলোই বাদ গেছে, বর্বর লোকের পাল্লায়, জাহাজ বারবার উল্টে গেছে, জীবনটাকে বিধ্বস্ত করেছে। মনিমালা, অদিতি তুই তো খুব সহজ, সরল, স্বচ্ছ, দায়িত্বে ভরপুর। তোর জীবনের অধিকার অন্বেষণ করিস নি? অদিতি-অধিকার অন্বেষণ করিনি, কিন্তু তেমন সৌভাগ্য হলো না, অধিকার নিজে এসে ধরা দিল না। অধিকারের কথা ছাড়, সামান্য সম্মান, স্বাধীনতা, ব্যক্তিস্বাতন্ত্র্য কেড়ে নেবার জন্য, এখনো সমাজের গভীর অন্ধকারে, কুষ্ঠ রোগের মত সমাজকে গলানোর, অহংকারী, অশিক্ষিত দু-পেয়ি কিছু জন্তু আছে পুরুষ মানুষের অধিকার ফলায়, কাপুরুষ বৃন্দ, মেল ডমিনেটিং। একমাত্র জননী নামক নারী কে ভগবান ভেবে পুরুষ দাপট ফলায়, জননীর অনুপ্রেরণায়। সংসারের মধ্যেই চুরি ও ভিক্ষা করতে আত্ম-মর্যাদায় লাগেনা। এরা পুরুষ নয় কাপুরুষ। বড় বড় জায়গায় অবশ্য অত্যন্ত সৎ সভ্য হিসাবে বাক চাতুর্যে, শ্রেষ্ঠ বানায় নিজেকে। এইসব ডাবল ডিগ্রির বর অর্থাৎ বর্বর, জীবনটাকে বরবাদ করে দেয়। এবং জীবনে বরের

জায়গায় বর, বাদ দিয়ে দেয়, কাঁচি দিয়ে কেটে দেয়। এই বরেরা, দিনে রাতে যত্র-তত্র নিজেদের কাম চরিতার্থ করে।

লাইফ থেকে বর, বাদ পড়ে যায়। বৈধব্য চলে আসে বিয়ের পরেই। এই বর নিজে হাতে সাবান দিয়ে সিঁদুর ধুয়ে, শাঁখা নোড়া দিয়ে ভেঙে মজা পায়,"যা তোকে বিধবা বানিয়ে দিয়েছি।"এটাও বউকে বেইজ্জতি করার একটা অস্ত্র ভেবে নেয়।

এইসব বরেদের জন্ম সময় তাদের মাতৃ দেবী খুশি হয় পণ্যের সামগ্রী এলো। দাসী নিয়ে আসবে, সাথে অর্থ, ডিগ্রী; প্রতিদিন সোনার ডিম দেওয়া মুরগি। লাড্ডু বাটে মহল্লায় ছেলে প্যায়দা করে।

মনিমালা-অদিতি তুই আমায় প্র্যাকটিকালে কত হেল্প করতিস, তোর স্থির ধীর চিন্তাশক্তি, উজ্জ্বল আলোর মত। অদিতি-ওই সব সাফল্য কি জীবনে বেঁচে থাকার সাফল্য। জীবনের স্বাভাবিক প্রবণতা প্রবৃত্তি কে জবরদস্তি অন্ধকারে বদ্ধ করা হয়েছিল। স্রোতের মুখে বৃহৎ পাথর দিয়ে বাঁধ দেওয়া হয়েছিল। প্রবৃত্তির সম্বন্ধে জ্ঞানের আলো, জীবনযাপনের প্রকৃত শিক্ষা দেওয়া হয় নি। যার ফলে জীবন মুখী সচেতনতা প্রকাশ পায় নি। ফলে জীবন হয়ে গেছে রুদ্ধ প্রবাহহীন, এক কন্টকাকীর্ণ মরুভূমি। সুখের সন্ধানে হাহা করে আছে। তৃষ্ণার্ত চাতক পাখির মত। জলের জন্য ছটফট করছে। জীবনের এই উল্লেখ্যযোগ্য এবং শ্রেষ্ঠ সময় দাম্পত্য জীবন। যেখানে প্রকৃত জীবন সাথী না পাওয়ার জন্য প্রকৃত প্রেম, সেক্স, রোমেন্স, মনের সাথী না পাওয়ার জন্য জীবনের পরিতৃপ্ততা পরিপূর্ণতা আসে না। দুধের স্বাদ ঘোলে মেটানোর জন্য সন্ন্যাসিনীর মতো কোনো ভালো কাজে মন সংযোগ করে মনকে শান্ত রাখার প্রয়াস। এখানে জীবনের পূর্ণাঙ্গতা আসে না। বোধকরি অনেক সন্ন্যাসী, সন্ন্যাসিনী জীবনের পূর্ণতা থেকে অতৃপ্ত থাকার জন্যই ত্যাগের পথ খুঁজে বার করে। এই অবস্থা, না হলে মনে হয় পৃথিবীতে

সবাই সাধারণ মানুষই থাকতো। সৎ সন্ন্যাসী, সন্ন্যাসিনী বা ভন্ড সন্ন্যাসিনী সন্ন্যাসী হতো না। বায়োলজিক্যাল সমস্ত ফ্যাক্টার্স অনুযায়ী চললেই জীবনের সার্থকতা। খাদ্যের ক্ষুদা, প্রেমের ক্ষুধায় অভুক্ত জীবন, জীবনই থাকে না। কেন এই অসামঞ্জস্যতা। কেন ভালো আর খারাপের মেল বন্ধন।

বালি জলে সলিবিউল নয়, তলায় থিতিয়ে যায়। বিবাহিত জীবন ঘুলনশীল। এখানে দ্রাব্য, দ্রাবক ঘুলে দ্রবণ তৈরি হয়। থিতিয়ে আলাদা হবার নয়। মনে দ্রবণ খুব বেশি প্রেম বন্ধন তৈরি করে। এই কথাটা অযৌক্তিক মনে হয়, অনেকেই বলে ভালো আছে বলেই পৃথিবীতে ব্যালান্স আছে। কেন ভাল-ভালতেই ব্যালান্স হউক, খারাপ খারাপের ব্যালেন্স হউক। সেখানে কেউ সাফারার হবেনা। ভালো খারাপ ব্যালেন্স নয়, ইমব্যালেন্স। কেন ভালোর সাথে ভালো। খারাপের সাথে খারাপের বন্ধন তৈরি হয় না। সেখানে এট পার হয়ে গিয়ে ব্যালেন্স তৈরি হয়। দুই বিপরীত মেরুর আকর্ষণের ফলে, অসফল বিয়ে। তীক্ষ্ণ চতুর বাবা-মা, বা ছেলে-মেয়েরা ঠিক বিপরীত ছাগলছানা বদ করার জন্য বিয়েকে এক বাণিজ্য তৈরি করে রেখেছে। ভালোয় খারাপের ব্যালেন্স কিছু স্বার্থান্বেষী মানুষের মনের কথা বা কিছু বেকুব মানুষের। এই ব্যালেন্সে সভ্যতার বিজয় হয় না, পরাজয় হয়।

মনিমালা এত অসভ্যতা, এত অ-সুখ, এত অসম্মান এত অসন্তোষ এর মধ্যেও সন্তোষ খোঁজার আপচেষ্টা করতে করতে হাঁপিয়ে না উঠে, গতানুগতিক কাস্টাম্পস, ফলো করতে তোর ভালো লাগে? অদিতি-এরই নাম জীবন! বারমুডা ট্র্যাঙ্গেল এর মধ্যে লাইভ বেল্ট এর সন্ধান। দিগন্ত বিস্তৃত মৃত্যুর গহ্বর। তীর নেই, তরী নেই, এই মহাকাল যাত্রার। দূরভাগ্যের সূতোয় বাঁধা কাঠ পুতুল। নিজের ইচ্ছা শক্তি নেই, এই আষ্টেপৃষ্ঠে বেঁধে রাখা সুতোর থেকে মুক্তির স্নান করার। আশা, পজেটিভ থিঙ্কিং আলেয়ার মতো ঘুরে বেড়াচ্ছে দৃশ্যমান হয়ে, কিন্তু ছুঁতে পারা যাচ্ছে না। মুঠোতে ভরা

যাচ্ছে না। সোনার হরিণের মতো ক্ষণিকের তরে দৃশ্যমান হয়ে, দৃষ্টি এড়ায়।

(11)

নব শ্রবণ কুমার

নবকুমার তার দিদির বাড়িতে, নিজের মা এবং সকলের সাথে দেখা করতে, স্ত্রী করবীকে নিয়ে আসে। ফেরার সময় গেটের কাছে টাটা বাই এর সি অফ পালা। দীর্ঘ সময় ধরে টাটা বাই করতে করতে রাস্তায় হাঁটতে হাঁটতে একটা পাথরে হোঁচট খায় করবী, সামলে নিয়ে সামনের দিকে লক্ষ্য রেখে বাস ধরে।

বাসে উঠেই নবকুমার আক্রমণ করে, "তুমি আমার মাকে ঠিক মত বাই করনি"। নবকুমার মা দিদির মোহে নিমজ্জিত। স্থান কাল দেখেনা, স্ত্রীকে আক্রমণ করে। করবী বলছে, "দেখো রাস্তার অনেকদূর পর্যন্ত আমি ঘাড় ঘুরিয়ে চলেছি আর বাই বাই বলতে বলতে হাত হিলিয়েছি"। "না তুমি করনি"।

নবকুমারের মা দিদি এতই ইনডিউস করে রেখেছিলো, যে নবকুমারের বোধ বুদ্ধি বিকাশ হতে দেয় নি, ইচ্ছাকৃতভাবে।

বুঝলে করবী আমার শরীরটা ভালো লাগছে না। করবী তুমি তো আমার কোন কথাই শোনো না। শরীরের ব্যাপার তোমার মাকে বল। কি বললি হারা........দী। মারধোর তোড়ফোড় করে মর্দাঙ্গীর প্রকাশ করে। ভয়ে তঠস্ত করে দেয়। প্রতি সেকেন্ডে বুঝিয়ে দেয় সে কে। এইভাবে পিরিয়ডিক্যালি চলতে থাকে তাদের দিন চর্চা।

করবী যত্ন সহকারে বিভিন্ন উপাদেয় খাদ্য বস্তু প্রস্তুত করে খাওয়ায় ক্যালকেশিয়ান মামি শাশুড়ি, মাসি শাশুড়ি, ননদ কে। ফোনে আতু-আতু কণ্ঠস্বরে করবীর শাশুড়িশ্রী "কি মামি শাশুড়ি, মাসি শাশুড়িকে অভ্যর্থনা হল"। সদ্য দুর্গা সপ্তমীর দিনে ঝংকার ময়ী শাশুড়ি ঠাকরুন কাঁদিয়ে, করবীর ছোট মেয়েকে নিয়ে দুর্গা পুজো দেখা পন্ড করার অভিজ্ঞতার পর, ন্যাকামো শুনে, নবকুমার কে বলে দেখো আমার যা কর্তব্য আমি করি। তোমার মা যেন এইরকম আদিখ্যেতা না করেন। কি বললি.....হারা......, যা বেরিয়ে যা, ঘর থেকে, বলে বিবস্ত্র করে প্রহার। করবী ভাবে কোয়াটার টা তো আমার। আমারই টাকায় সংসারের আর্থিক স্বচ্ছলতা। আমারই ঘর থেকে বিবস্ত্র করে মারধোর দিয়ে বেড় করা।

মাম্মাস বয়ের মাতৃভক্তি এতই প্রবল। যেখানে মাতৃ দেবী, কোন শিক্ষাই দেয়নি, বিদ্যার্জন করেনি।

করবী ভাবছে। শ্রবণ কুমার অন্ধ বাবা মাকে নিজের কাঁধে বসিয়ে তীর্থ দর্শন করিয়ে ছিলো। এই কাহিনীর যথার্থতা বিচার অনেকে অনেক রকম ভাবে করবে। আমার মতে যারা অন্ধ তাদের কাছে দর্শন বলে কোনো জিনিষ নেই। তীর্থ দর্শন তো দূরের কথা। নিজেদের ভার একটা ইনোসেন্ট পুত্রের কাঁধে দিয়ে দিয়েছে। যথার্থই তাঁরা অন্ধ। পুত্রের জীবন যৌবন কিছু দেখতে পায় না। তাকে বোঝানো হয় আমাদের জন্যই তুই জীবন পেয়েছিস। আমাদের স্বার্থান্বেষী চাহত গুলো তোকে আনন্দ সহকারে বইতে হবে।

শ্রবন কুমার জল খাওয়াতে গিয়ে দশরথের বানে মারা যায়। আজকের শ্রবণ কুমার দের অর্থ সংগ্রহের তাগিদে (বাবা-মার জন্য) অসুখে-বিসুখে বা রাস্তায় চাপা পড়ে মারা যেতে হচ্ছে।

নিজেরা বিয়ে করলে, কোন রকম বায়োলজি না পড়লেও ভালো ভাবে সবাই জানে জন্মরহস্য।এখন ছোটছোট ছেলে,মেয়ে পড়ে বা

না পড়ে জানে। সবাই জানছে বা জানানো হচ্ছে এই খবর। স্বার্থপর বাবা-মা, বয়স্ক বিবাহিত পুত্রকে জন্মদানের ত্র্যাসান বোঝায়। যে ছেলে জন্ম রহস্য বুঝেও বোঝেনা।

সদ্য বিবাহের পর মিলনের আকাঙ্ক্ষা; এবং তাকে রমনীয় করে তুলবার পদ্ধতিতে ব্যস্ত জীবন, অনেকের। তার জন্য গন্ধ, বস্ত্র, অলংকার, জাপানী তেল দ্রব্যাদি খুব বেশি ভালো জানে। বারবনিতা এবং সতীসাধ্বী রমণী একই পন্থায় প্রয়োগ করে। স্থানের তারতম্যের জন্য উপভোগ্য, ঘৃণিত বারবনিতা, কেউ স্বাধী রমণী।

বায়োলজিক্যাল অ্যাসপেক্ট থেকে মিলন কোন অপরাধ নয়। পশু জগত করে, মানুষও পশু। একটা জীবনের অন্যান্য লক্ষণের মধ্যে একটা গুরুত্বপূর্ণ লক্ষণ। এখন আসা যাক রেশানাল জীবনের দিকে। মানব, হরাইজেন্টাল মেরুদন্ড থেকে ভার্টিক্যাল মেরুদন্ডে উপনীত এবং মস্তিষ্কে গ্রে ম্যাটারের বিপর্যয় পরিবর্তনের জন্য ভগবানের সমকক্ষ হতে চলেছে। বিজ্ঞানের এত উন্নতিতে এত সাফল্যে আজ দিক বিজয়ী। সমাজ তৈরি হয়েছে এবং সুস্থ সুষ্ঠ সমাজ গঠনের জন্য কিছু আইন-কানুন। এই আইনে আসে বিবাহ প্রথা। গণিতের ভাষায় বলা যায় one-to-one relation।

বিবাহিত জীবনেও গণিতের প্রয়োগ limit, continuity, necessary, sufficient, relation, set, one two one relationship, union, এইগুলো পালন না করলে সংসার ধ্বংসের পথে চলে যায়। অর্থনৈতিক কারণবশত পরিবার একান্নবর্তী ছিল। পরিবারের মুখিয়া, তারই জমির ফসলে, পরিবারকে সঙ্ঘবদ্ধ করে রাখত। বৃহৎ স্বার্থপরতার প্রকাশ পেতো না। মেয়েদের কাজের ব্যাপারে, পারিবারিক অর্থনৈতিক কাঠামো নির্ভর করত কৃষক পরিবারে। কিছু জমিদার বাড়ির, ধনিক শ্রেণীর বাড়ির মেয়েরা, আসবাবপত্র, গয়না গাটির মতো শোভা বর্ধন করতো ঘরের। যেখানে অর্থের অভাব সেখানে মেয়েদের বাইরে কাজ করতে হতো, এবং সেই

ভাবে work division হতো, সামর্থ্য ও বয়সের হিসাবে। কম বেশি স্বার্থপরতা, প্রেম, ভালবাসার কিছু কিছু তফাৎ থাকতো কিন্তু অ্যাভারেজ চিত্র এই ছিলো।

পরবর্তী পর্যায়ে সমাজ ব্যবস্থার বেশ পরিবর্তন হলো। মেয়েরা শিক্ষিত স্বনির্ভর হল। কিন্তু পুরুষ শাসিত নয়, শাশুড়ি শাসিত সমাজ বদলালো না। এইসব শাশুড়ির দল গাছেরও খাব, তলারও কুড়াবো। অশিক্ষিত, কুশিক্ষিত, প্যারাসাইট, ঝংকারময়ী স্বার্থান্বেষী শাশুড়ি মাতার দল, শিক্ষিত স্বনির্ভর মেয়েদের জুস পান করছে। যেভাবে সুন্দর শোকেশের রসমালাই এর রস জিহ্বা আর তালুর চাপ দিয়ে উপভোগ করা হয়। বেচারি রস-মালাই; সৃষ্টি হয় অন্যের আনন্দের জন্য।

জীব জগতে খাদ্য খাদক সম্পর্ক নেচার করেছে। কিন্তু নিজের প্রজাতিকে খাওয়া নেচারের বিরুদ্ধ। এখানে এইসব স্বার্থপর শাশুড়ির দল ২০০% ভোগ করছে। বেচারী মেয়ের বাবা-মা ০%। এখানে একটি কথা বলা হচ্ছে, এইসব স্বার্থপরতা সকলের জন্য প্রযোজ্য নয়।

এইবার আসা যাক নবশ্রবণ কুমারদের বিষয়। তারা ম কার দুষ্ট। মদ, মেয়ে ছেলে, মাংস, মারধর মা ভক্ত। মাকে ঈশ্বরের ওপরে সৃষ্টি কর্তার স্থান দেওয়া হয়েছে। সেখানে মাতাশ্রী পুত্র সন্তান জন্ম দেবার ন-মাস আগের এক রমনীয় রাত্রের কাজকর্মের উপভোগের সময় কোনো স্বার্থ ত্যাগ প্রক্রিয়া করেনি, যে নরক যন্ত্রণা ক্লিষ্ট পুত্রকে, স্বর্গের সুখ দেবার জন্য আত্ম বলিদান।

এক ইনসটিংক্ট কে বাণিজ্য বানানো হয়েছে, ধর্মের নামে মহানতার নামে। স্বার্থের জন্য অন্ধ বানানো হয়েছে, ভারতবর্ষের মূর্খ জনতাকে। স্বাভাবিক ব্যাপার কে স্বাভাবিক ভেবে মেনে না নিয়ে, তার ওপর business এবং স্বার্থপর মানসিকতার মশলা না ঢেলে, মাতৃত্বকে গৌরবানিত্ব করা উচিত। এই বিচারে পশু মাতা

যথার্থ মাতৃত্বের পরিচয় দেয়। জন্ম দিয়ে দুগ্ধ পান করিয়ে, জিভ দিয়ে চেটে চেটে বাচ্চাকে পরিষ্কার করে; দেখ ভাল করে; খাদ্য সামগ্রী যোগার করে; তিলে তিলে তিলোত্তমা করে তোলে। জীবনে টিকে থাকার অনুকূল শিক্ষা দিয়ে। পরিবর্তে চায়না কিছু। গালি দেবার সময় জানোয়ার বলা হয়, প্রকৃত অর্থে জানোয়ারদের কাছ থেকে অনেক কিছু শেখার আছে একশ্রেণীর স্বার্থপর মানুষের। পণ নেওয়া, দাসি করার অধিকার নিজেরাই আইন তৈরী করে রাখে। ন মাস উদরে পালন, মাতৃদুগ্ধ পান, আঙুল ধরে চলতে শেখাবার খেসারত দিতে হয় শিক্ষিত উপার্জনশীল পুত্রবধূকে। সেখানেও মহান বনে, তাদের উক্তি "পুত্রবধূ শিক্ষিত, তাকে কেন ঘরে আটকে রাখবো, সে উপার্জন করুক। তার স্বাধীনতা চাকরিকে কেন, কাড়বো"। সেই অর্থ নিংড়ে ভোগ করে বদান্যতা দেখানো। সন্ধ্যায় পুত্রবধূ বাড়ি ফিরলে, দিনে বড় বউমা রান্না করেছে, কাজেই রাতের খাবার তোমাকে বানাতে হবে। করবী ভাবে রাতে তো বড় বউ চাকরি করতে যাচ্ছেনা, বিশ্রাম বড় বউ এর। শাশুড়ি মাতারতো প্রশ্নই আসে না কাজ করার। আদেশ দেবার আধিকারিক, বাড়ি ফেরত এলে এখন তুমি বউ, ঘরের কাজ করা, সেবা করা তোমার ধর্ম। তোমার কোন অধিকার নেই, শুধু কর্তব্য। তার উপার্জিত ধন এবং বাড়ির কাজ দুটোই নেব। কারন আমি পুত্র সন্তান প্রসব করেছি। মোটেই সংকীর্ণ মনোভাব নেই চাকুরী করতে পাঠানো তে, সেখানে স্বাধীনতা, ঘরে এসে পরাধীনতা, একেই বলে মহত্ত্বতা। ধন্য শ্রবণ কুমার দের অন্ধ পিতা মাতা। করবী ভাবে এখানে আমার বলতে কে আছে একটা পেট, তাতে আধ পেটা খাবার একবেলার। বাসে সাত ঘন্টা আর স্কুলে গণিতবিজ্ঞানের একমাত্র শিক্ষিকা বলে সমস্ত পিরিয়ড পুরো ছয় ঘন্টা স্কুলে। ভোর পাঁচটা থেকে সন্ধ্যা সাত টা। তিনটে মিলের দুটো বাইরে। রবিবারের ছুটি ছাটাতেও বাধ্য শ্বশুরালয়ে, সমাজ কি বলবে এর অজুহাতে বাড়ির চাকর বানিয়ে রেখেছে। পতিতো থাকে দিল্লিতে, এখানে আমি একা। আর এদের

ঘরের বাকি ছয় জনের রাতের খাবার রুটি তরকারি বানানো। কাছেই মার বাড়ি, সেখানে মার হাতের বানানো খাবার, যত্ন পাওয়া তাও করতে দেবে না। চাকরির পয়সাও খাবে, চাকরও বানাবে। এক বেলার আধপেটা খাবারে। বাইরের লোকের কাছে ভূয়সী প্রশংসা, পুত্রবধূর পড়াশুনো, শালীনতা, গণিত বিজ্ঞানের শিক্ষিকা বলে, এদের অন্ধকার ঘরের একমাত্র উজ্জ্বল প্রদীপ। দান পন অলংকার সোনার ডিম দেওয়া মুরগি ঘরে এনে তাকে ধন্য করেছে।

শ্রবণ কুমারের জন্মে শ্রবণ কুমারের কি লাভ হয়েছিল? নারীর দেহে তিনশো-চারশো ডিম্বানু থাকে, অতগুলো তো বাচ্চা হয় না। যারা জন্ম লাভ করে না, তাদের তো কোন খেদ থাকে না, জন্মায়নি বলে, এবং যারা জন্মেছে তারা বলেনি জন্ম দিতে। জন্মের খেসারত, অন্ধ পিতা মাতাকে কাঁধে চাপিয়ে তীর্থ ভ্রমণ না কুলি? শ্রবণ কুমারের দৃষ্টান্ত দিয়ে অনেক পিতা মাতা কুলি বানায় নিজের বাচ্চাকে। বাচ্চাকে কি দেয়। এখনকার নব শ্রবণ কুমার অশিক্ষিত কুশিক্ষিত। Abusing sentences, sex vulgarity অত্যাচার করার জন্যই আনন্দিত। জীবন উপভোগ করার জন্য অন্ধ পিতা মাতার দাস। বুঝতেই পারে না পৃথিবীর আলো মানে, শিক্ষার আলো, সভ্যতার আলো। পৃথিবীর সৌন্দর্যতা থেকে কত বঞ্চিত। সুনাম কামানোর পথ থেকে বঞ্চিত। নকল জীবন, মুখোশের আড়ালে জীবন কাটাতে হয়। স্বচ্ছতা নেই, আদর্শতা নেই। কদর্যতাতেই আনন্দিত এবং সেই জন্য জন্ম লাভ এবং জন্মদাত্রির ওপর চির কৃতজ্ঞ ও আজ্ঞাবাহী নবশ্রবণ কুমার।

নবকুমার, "এই চা বানা"। করবী, " কি বললে নবশ্রবণ কুমার"। ঘোড়ের মধ্যে বেরিয়ে গেল। কি বললি আমার নাম? আমার নাম নবকুমার। সেটা তোমার মায়ের দেওয়া। আমি তোমার নামকরণ করলাম নব শ্রবণকুমার

(12)

তিনশো সাতাত্তর ধারা

মনোরমা- সংগীতা আমার সঙ্গে যাবি? জেন্ডার এর ব্যাপারে একটা ইন্টারভিউ নেবো। প্রজেক্ট সাবমিট করতে হবে। সঙ্গীতা-দেখ এত বয়স হয়ে গেল, কিন্তু এর আগে আমরা জনসাধারণ গে, লেসবিয়ন ইত্যাদি ব্যাপারে কখনো শুনিনি, না বন্ধু-মারফত না ব্রডকাস্টিং এ। আচমকা ভুঁইফোঁড় মশরুমের মতো এই LGBT প্রতিদিন খবরে শোনা যাচ্ছে। ওদের আন্দোলন ইত্যাদি ব্যাপারে। আমার জানতে ইচ্ছে করে এদের ইতিহাস, পৃথিবীব্যাপী পরিসংখ্যান, এদের সাইকলজি, এদের সামাজিক কর্ম ক্ষমতা ইত্যাদি। কি কারনে এইরকম সৃষ্টি ইত্যাদি। মনোরমা-দেখ এই বিষয়ে এখন বিস্তার গবেষণা চলছে এবং পৃথিবীব্যাপী আন্দোলন, তাদের ইকুয়াল রাইটস, সামাজিক প্রতিষ্ঠা, বিবাহ ইত্যাদির ব্যাপারে।

দুপুরে তারা একটা বসেরা তে যায়। সেখানে ট্রান্সজেন্ডার ব্যক্তিদের সাথে আলোচনা। শ্যামল নামের এক ব্যক্তিত্ব সিঁদুর, শাড়ি ইত্যাদি পরে কথা বলছে। জানেন-ম্যাডাম, আমার মা আমাকে নিয়ে মন্দিরে যায়, বিভিন্ন মান্নত মানতে এবং একদিন একটি মেয়ের সাথে জোর করে বিয়ে দিয়ে দেয়। আমার পরিস্থিতি না বুঝে না ভেবে, ভাবে বিয়ে দিলে এবং ঈশ্বরের আশীর্বাদে সব ঠিক হয়ে যাবে, এবং আমি সুখী দাম্পত্য জীবন যাপন করতে পারব

এই আশায়। আমি তারপর ঘর ছেড়ে বেরিয়ে চলে এসেছি এখানে, ঘরের কেউ জানে না আমি কোথায়?

একটা মৌচাকে, রানী, পুরুষ শ্রমিক মৌমাছি থাকে, কারো কিছু করার নেই। পৃথিবীর যেখানে যত প্রাণী জগৎ আছে তার যতো প্রকার জেন্ডার-সেক্স সবই প্রকৃতি সৃষ্ট। মানব সমাজের বিধিধ সেক্স-জেন্ডার প্রকৃতি প্রদত্ত। কারোর কিছু করার নেই। জবরদস্তি সংশোধনের কি দরকার? বিভিন্ন প্রকার বিকলাঙ্গতা যেমন কাম্য নয়, কিন্তু হলে কিছু করার নেই। তাকে তার জীবন স্কিল দিয়ে, মান-মর্যাদা দিয়ে রাখতে হবে। কারোর বাচ্চা হবার সময় ভাবে মেয়ে বা ছেলে। কেউ ভাবে না গে,লেসবিয়ান, হিজড়া ইত্যাদি হোক। মেটারের মধ্যে যেমন ধাতু, অধাতু এবং দুই এর গুন যুক্ত ধাতুকল্প থাকে, এটা নেচারাল, কিন্তু তাও ধাতু কল্প কে

ব্যতিক্রম হিসেবে বলা হয়। ন্যাচারাল কিন্তু ব্যতিক্রমী।

কারোর বাচ্চা যদি LGBT এর হয় তাহলে তাকে উৎকৃষ্ট জীবন এবং জীবনের অধিকার দেওয়া কর্তব্য। জীবনের অধিকার খাদ্য,বস্ত্র,শিক্ষা, স্বাস্থ্য, চাকুরী, বিয়ে এবং সামাজিক অধিকার প্রতিষ্ঠা। সমাজের মধ্যে থাকা, নাকি আইসোলেট হয়ে থাকা। জীবনের বেসিক নিডস পাওয়া।

যারা নিজেদের আইডেনটিটিকে সকলের কাছে তুলে ধরে সংগ্রাম চালাচ্ছে তাদের কুর্নিশ করা উচিত। তারা সকলের সামনে নিজেদের গে, লেসবিয়ান ইত্যাদি বলে সেলফ আইডেন্টিফিকেশন করছে। তাদের আন্দোলন যুক্তিপূর্ণ। তারাও তাদের জীবন সঙ্গীকে বিবাহ করে ঘর বসাতে চায়। খুব ন্যায্য দাবি। সমাজ কোন কিছু দাবীকে সহজে দিতে চায় না, এই ক্ষেত্রে ধর্মকে অস্ত্র বানায়। অনেক অত্যাচারের কাহিনী T.V তে দৃশ্যমান হচ্ছে। অমানসিক অত্যাচার।

প্রথমে পৃথিবীব্যাপী পুরুষতন্ত্র। নারীকে অধিকার না দেওয়া। নারী মানে বাচ্চা তৈরীর কারখানা। রক্ত মাংস দিয়ে এক কোষি প্রাণী কে পূর্ণাঙ্গ মানব বানাবার কারখানা। পুরুষের ঔরসে স্ত্রীর জঠরে সন্তান বৃদ্ধি লাভ করে, নারীর ভূমিকা এইটুকু। পিতৃ পরিচয় হয় সন্তানের, নারীর কোন পরিচয় নেই। প্রি এবং পোস্ট নেটাল কর্তব্য, এইগুলি নারীরাই করে।23-23 ক্রোমোজমে এটপার প্রক্রিয়া হয়ে যায়, তাও পুরুষ প্রাধান্য পুরুষের টাইটেল। Women rights ও চলছে,LGBT এর সাথে সাথে। আসলে এইগুলোকে এক আমব্রেলাতে নিয়ে গেল হিউম্যান রাইটস, বলা হয়। ক্রম বিবর্তনের ধারায় LGBT যারা প্রকাশিত ছিল না সমাজে, এবার সমাজ দর্পণে তাদের চরিত্র উদ্ভাসিত হল।

তিনশো সাতাত্তরের ধারার বিরুদ্ধে আইডেন্টিফায়েড LGBT এর আন্দোলন সমর্থনযোগ্য। শিক্ষা, চাকরি, বিবাহ সমাজে মাথা উঁচু করে স্বাধীনভাবে বসবাসের অধিকার, কোন পাপ নয়। জেন্ডার এর শাখা সমাজে পুরুষ নারীর সাথে শাখন্বিত হচ্ছে। অন্তত লজ্জার ব্যাপার তাদের উপর শারীরিক মানসিক নির্যাতন। অন্নের সংস্থান, শিক্ষার অধিকার, বিবাহিত জীবন যাপনের অধিকার চাই। নিজের যৌন সঙ্গীর সাথে নিজেদের মতো করে যৌন ধর্ম পালনে অপারক। সমাজ, বাদ সাধে। এই আন্দোলনের সদর্থক নিঃস্পত্তি পৃথিবীব্যাপী অতি দ্রুত হওয়া উচিত। এই পৃথিবীর সবার জন্য। অন্যায় না করে স্বাধীনভাবে বাঁচা।

সংগীতা- মনোরমা দেখ, এই কথা, অন্যায় না করে! এবার এই সম্প্রদায় যখন অন্যায় করবে, বিভিন্ন প্রকার অর্থাৎ চুরি, ঘুষ নেওয়া, ঠগানো মার্ডার করা ইত্যাদি যত প্রকার অন্যায় অপরাধ আছে, তাহলে তাদেরও সকলের মতো শান্তি হওয়া উচিত।

মনোরমা- এইগুলোকে হিউমান অপরাধ, বলে চিহ্নিত করে তার শান্তি বিধান, এতে যেন কেউ ছুট না পায়।

সংগীতা- মনোরোমা, জানিস আমার এক বন্ধু শতরূপা যে জীবনের নানান ঘোরপ্যাঁচ বোঝেনা, পড়াশুনা, চাকুরী করলে কি হবে জীবন ও জীবনসঙ্গী সম্পর্কে অত্যন্ত বেকুফ, তাকে তার বর ও শ্বশুরবাড়ি প্রচন্ডভাবে ঠকায়। জেন্ডার সম্বন্ধে জানত নারী,পুরুষ,হিজরে। স্বামী হিসেবে যিনি অসেন, তিনি তার সেক্স আইডেন্টিটি গোপন করে বিয়ে করেন। তার সবকিছুই গোপনীয়। সর্ব ব্যাপারে এত কমি থাকার পর ঠকিয়ে বিয়ে করে স্ত্রীর উপর সর্ব রকম অত্যাচার করার দুঃসাহস বরকরার রাখে চিরকাল। যারা স্ট্রেট তারা তো স্ট্রেটকেই বিয়ে করবে। এখানে গে বা বাইসেক্সুয়াল যারা তারা হোমো। গোপন করে সমাজে মেল হয়ে বসবাস করছে।সাহস নেই নিজের সেক্স অরিয়েন্টেশন কে বলা। এরা কাপুরুষ এবং স্বার্থপর ও উদ্ধত প্রকৃতির।

এই সমস্ত হোমো সেক্সুয়াল যারা হেটোরা কে বিয়ে করে এবং অপ্রাকৃতিক ভাবে কামনা পূরণ করতে চায় তাদের জন্য তো তিনশো সাত্তার ধারা চালু থাকা দরকার। আদালতের মাধ্যমে জানতে পারা যাচ্ছে অনেক স্ত্রী তার স্বামীর এই অপ্রাকৃতিক যৌন ক্ষুধার জন্য স্বামীর বিরুদ্ধে মামলা করছে। এই সমস্ত অপরাধীরা তারা নিরীহ মেয়েদের জীবন নরক বানাচ্ছে, তার জন্য তাদের দৃষ্টান্তমূলক ভয়ংকর শাস্তির দরকার এবং তাদের পিতা-মাতা যারা এই ভয়ংকর জিনিস লুকিয়ে অন্য জীবন নষ্ট করছে, সেই পিতা মাতাদেরও দৃষ্টান্ত মূলক ভয়ঙ্কর শাস্তি হওয়া উচিত। না হলে এই অপরাধ চলতেই থাকবে। স্বচ্ছ-স্বরল সমাজ জীবন হতে বাধা সৃষ্টি হবে। সমাজ সুনামিগ্রস্থ হয়ে থাকবে। এই অপরাধে অপরাধী গে, বাইসেক্সুয়াল, লেসবিয়ান দের মৃত্যুদণ্ডে দণ্ডিত করা উচিত। যাতে ভুলেও তারা কোন স্ট্রেট নর বা নারীকে বিয়ে, না করে। তাদের সবথেকে বড় অপরাধ অন্য নারীকে বিয়ে করা। জীবনের বদলে জীবন। একজনার জীবন নরক বানাবার শাস্তি, আইন তাকে মৃত্যুদণ্ড দিয়ে দিক। জীবন একটাই বলে এরা অনরগল ফুর্তি

করবে আর নিরীহ নারীর একটাই জীবন, নরক যন্ত্রণায় জীবন মৃত হয়ে থাকবে? এইসব বাই সেক্সুয়ালদের জন্য। এরা দু শত প্রতিশত যৌন উপভোগ করে,মেল, ফিমেইল পার্টনার বানাতে পাঁচ মিনিট সময় লাগে না। এদের গেডার যন্ত্র অত্যন্ত পাওয়ারফুল, চোখে চোখে এবং শারীরিক ভঙ্গিমায় আকৃষ্ট করে ফেলে শিকার। মুখোশ এটে বিয়েও করে ফেলে। সমাজে বউ বাচ্চা আছে বলে ISI stamp পেয়ে যায়।

মনোরমা, আমার আজকের প্রজেক্ট এ, এদের মানসিকতা এবং এদের বাড়ির লোকজনের মানসিকতাও অপরাধ প্রবণতার কথা লিখতে পারব। সঙ্গীতা তোকে অনেক ধন্যবাদ, সঙ্গ দেবার এবং সত্যিই অভিজ্ঞতা শেয়ার করার জন্য।

(13)

কলবয়

দিল্লির নামকরা ফাইভ স্টার হোটেলে ছবি দাশগুপ্ত তার পার্সোনাল অ্যাসিস্ট্যান্ট এর সাথে ওঠে। অ্যাসিস্ট্যান্ট খোকন এর হাতে ব্যাগ সুটকেস। হোটেলে ইন এরপর, সে কোন একটা মামুলি হোটেলে চলে যাবে। ছবি দাশগুপ্তের বড় বড় অনেক কনট্যাক্ট। ছোট ছোট চ্যালা চামুন্ডা ম্যানেজমেন্টের সব দায়িত্ব খোকনের উপর। ছবি দাশগুপ্ত, দরকারে খুব নিকটের সম্পর্ক স্থাপন করা এবং অপ্রয়োজনে দূরে ঠেলে দেবার, ক্ষমতায় পারদর্শী। পয়সার উপর, পলিটিক্স এর উপর খেলায় তার জুড়ি মেলা ভার।

খোকন জানে না তার মালকিন বিবাহিত না অবিবাহিত, না ডিভোর্সি না বিধবা। তার কাজ কনট্যাক্ট করা, খদ্দের ধরা। খোকনের কনট্যাক্টে দিল্লির অজয় মুখার্জির সাথে ছবি দাশগুপ্তের সাক্ষাৎ হয়। এক ঝলকে হিরে চিনে নেয় ছবিদি। রতনে রতন চেনে, ভাল্লুকে চেনে শাঁকালু।

অজয় মুখার্জি, স্ত্রী রুপার সরকারি কোয়ার্টারে থাকে। ঘরে চার বছরের ছোট মেয়ে এবং গৃহ কার্যে সাহায্যকারী ডালিম দি। অজয়ের বাড়ি ফিরতে প্রায়ই রাত হয়। বড় বড় নেতা মন্ত্রীদের সাথে ঘোরাফেরা করে ক্লান্ত শরীরে চারতলায় অবস্থিত কোয়ার্টারের সিঁড়ি দিয়ে উঠতে আরো অবসন্ন হয়ে যায়। রুপা ভাবে, অজয়ের প্রভাব প্রতিপত্তি, সমাজসেবা। রুপা স্কুলেও স্বামীর সমাজ সেবা এবং

কৃতিত্ব বলে ফেলে মাঝে মাঝে। কোন ক্ষোভ নেই, উল্টে সহানুভূতি। আহা বেচারা নিজের অফিস, সমাজসেবা, নেতা মন্ত্রীর সাথে থাকা, কত ক্লান্ত। তাই যত্নের ত্রুটি রাখে না রুপা।

অজয় ছবিদিদির দেওয়া অনেক দামী চকলেট নিয়ে আসে, এবং ছবিদিদির কথা ঘরে বলে। মাঝে মাঝে রুপা শুনতে থাকে ছবি দির গল্প। ছবিদিদির প্রভাব প্রতিপত্তি, পাইয়ে দেওয়ার ক্ষমতা, ক্রমে ক্রমে শোনে ছবি দি কোন কোন লোকদের কাছে কত কত লক্ষ টাকা নিয়েছে, ছেলে মেয়েদের মেডিকেল কলেজে ভর্তি করে দেবো বলে। এতই পাওয়ার ফুল মহিলা। পশ্চিমবঙ্গের বড় বড় মন্ত্রী এবং স্বয়ং মুখ্যমন্ত্রী ও ওনার কাকা, মামা ইত্যাদি। তাদের নাম করে প্রচুর অর্থ সংগ্রহ করে মেডিকেল, ইঞ্জিনিয়ারিং কলেজে ভর্তি করে দেবো বলে। কিন্তু কোন বাচ্চাই মেডিকেল, ইঞ্জিনিয়ারিং কলেজে ছাত্র-ছাত্রী হিসেবে ভর্তি হতে পারেনা।

চকলেট দিয়ে শুরু, তারপর দামি মিউজিক সিস্টেম, ওয়াশিং মেশিন অজয়ের ঘরে আসতে লাগলো, ছবি দির উপহার হিসাবে, অজয় কে এত ভালো লেগে গেছে, যে কথায় কথায় বলে অজয় তোর হাতে গাড়ির চাবি নেই?

প্রায় রাত দশটা বাজছে। ছোট্ট মেয়ে ঘুমিয়ে কাদা। অজয়ের ফোনে ছবি দির কথা; তোর কোয়াটারের নিচেই আছি। কোথায় তুই? আজ কেন আসিস নি। অজয়ের উত্তর আমি আজ অন্য কোথাও আছি। এখনো ঘরে ফিরিনি। ছবি দি মানুষ চড়িয়ে খায়। ছবি দি সিঁড়ি ভেঙ্গে চার তলায় উঠার আগেই অজয়, স্ত্রী এবং ঘুমন্ত কন্যা সমেত সিঁড়ি দিয়ে পাঁচ তলায় ছাতে এবং সেই বিল্ডিং এর কার্নিশ টপকে অন্য বিল্ডিং এর কার্নিশ টপকে, সেই বিল্ডিং এর জলের ট্যাংকির আড়ালে লোকাতে ব্যস্ত। ডালিম দিকে ইন্সট্রাকশন দেওয়া দাদা বাবুরা অন্য কোথাও বেড়াতে গেছে। অজয় জানে ছবি দাশগুপ্ত ছাত পর্যন্ত ধাওয়া করবে। তাই অন্য

বিল্ডিং এর জলের ট্যাংকির আড়ালে লুকানো। বিফল মনোরথ হয়ে ছবিদি ঘরের দরজা থেকে ফেরত যায়। দিল্লির পাঁচ তারা হোটেল ছেড়ে, অত্যন্ত নিম্ন পদস্থ লোকেদের জন্য সরকারি কোয়ার্টারে নিশীথ অভিজান, অভিজাত ছবি দাশগুপ্ত। অজয় কে যে অত্যন্ত নিবিড় ভাবে দরকার।

এইভাবে সারি সারি, ছবি দি সম্প্রদায়ের মতো মহিলা, পুরুষ বা অন্য জেন্ডারের মানুষজন অজয়ের সাথে গভীর বন্ধুত্ব পাতায়। অবশ্য রুপা সেই বয়সে অন্য জেন্ডারদের সম্বন্ধে কোন জ্ঞান ছিল না। রুপা জানে কর্তব্য। চাকুরীর দায়িত্ব, সংসারের আর্থিক দায়িত্ব, বাচ্চা পালন ও তার শিক্ষা হোমওয়ার্ক। এর বাইরে দাম্পত্য জীবনের বঞ্চনার সম্পর্কে কোন জ্ঞানই নেই। ভাবে তার স্বামী মস্ত বড় হোমড়া- চোমড়া লোক, কত হাক-ডাক, সমাজসেবা, খুশিই হয় রুপা। কারণ রুপা কাজ পাগল, তাই স্বামীর বাইরের জগতের কাজে বাধা দেয় নি, কোন সংশয় প্রকাশ করেনি। সংসারের জটিলতা, কুটিলতা, ঠকানো সে জানেনা।

একদিন অজয়, রুপা ও কন্যাকে নিয়ে দিল্লির এক পশ এলাকায় মনী মাসীর ঘরে যায়। মনী মাসী অর্ধ পৌঁড়া,

পাতলা, ছিপছিপে, ঘরে একা থাকে। তার ও স্বামী, পুত্র, কন্যা নেই এবং কোনোদিন ছিল কিনা রুপা জানেনা।

মনী মাসী খাবারদাবারের সাথে অভ্যর্থনা করে। মনী মাসীর সাথেও অজয়ের খুব ঘনিষ্ঠ সম্পর্ক হয়ে ওঠে। তার সুবাদে মনী মাসী প্রায় সই, রাত বারোটা সাড়ে বারোটায় ফোন করে রুপার ঘরের ল্যান্ড লাইনে। তখন ঘরে উপস্থিত থাকা সত্ত্বেও অজয়, রুপাকে ফোন ধরতে বলে এবং অজয় ঘরে উপস্থিত নেই বলতে বলে। এইভাবে মাঝে মাঝেই রুপাকে মিথ্যা কথা বলতে হয়, যে অজয় ঘরে আসেনি। ফোন কিন্তু মনীমাসী রাত বারোটা নাগাদই করে।

রুপা কখনোই মিথ্যা কথা বলে না। তার মিথ্যা কথা বলতে অত্যন্ত খারাপ লাগে। ছোটবেলায় নীতি উপদেশের গল্পগুলোকে মূল মন্ত্র হিসাবে গ্রহণ করেছে। গণিত বিজ্ঞানের ছাত্রী ছিলো এবং গণিতের শিক্ষিকা রুপার রোল মডেল গণিতজ্ঞ ও বৈজ্ঞানিক গণ এবং প্রকৃত আদর্শবাদী বিদ্যাসাগর, নেতাজি তার রোল মডেল। পিতৃ গৃহ পরিবেশ অভাবী হলেও আদর্শবাদী। তাই অজয়কে বলে আমাকে দিয়ে মিথ্যা কেন বলাচ্ছ জবরদস্তি করে। অজয়ের সততা, নীতিবোধ, মূল্যবোধ নেই। মিথ্যা তার জলভাত। রুপার চুরি, মিথ্যা, ভিক্ষা ঠকানোর কনসেপ্ট ছিলনা। ক্রমে ক্রমে মেনে নিতে হচ্ছে সবকিছু, না হলে সংসারে বিপর্যয় হয়।

এইভাবে সংসারের চাকা গড়াতে লাগলো। স্কুলের কাজ, বাড়ির কাজ বাচ্চার শিক্ষা যত্ন এবং ভিক্ষা লব্ধ জিনিস ও মিথ্যা বলা।

রুপা একদিন একটা খোলা সেল্ফ এ পর্ন পিকচার এর বই দেখে রেগে অজয় কে বলে এই বই এখানে কেন? লজ্জা পাওয়া অজয়ের স্বভাবে নেই। সে নির্ভীক। উল্টে ধমকায় এবং মারে। সব জিনিসে কেন হাত আর কৌতুহল। রুপা বলে মেয়ে যদি এইগুলো দেখ, খোলা জায়গায় পড়ে আছে। অজয় মেয়ের সম্বন্ধে, পরিবার সম্বন্ধে কোন কনসার্ন নয়, ধীরে ধীরে রুপার এই জ্ঞান অর্জন হতে লাগলো।

এইভাবে চলতে থাকে। একদিন রুপা দেখে অজয়ের আলমারিতে মেল কন্ট্রাসেপ্টিভ। রুপার সাথে অজয়ের দাম্পত্য জীবনের সম্পর্ক নেই এবং তার উপর রুপা সেফটির জন্য কিছু বছরের পার্মানেন্ট কন্ট্রাসেপসনে আছে। কাজেই অজয়ের এগুলোর কি দরকার? রুপার প্রশ্নে আবার মারধর।

এইসব মনীমাসী, ছবি দি সম্প্রদায়ের ডাকে অজয়কে যেতে হয়। এইসব মহিলাদের কাছে যে দিন অ্যাটেনডেন্স দিতে না যায়, বা আবার অন্য কোন ধান্দায় নিজেকে নিযুক্ত রাখে, সেই সব দিন

এইসব বুড়ি, আদবুড়ি মহিলারা যৌন আকাঙ্ক্ষায় অস্থির হয়ে ঘর অবধি ছুটে ছুটে আসে শিকার ধরতে।

অজয়ের চাই বিলাসিতা, পয়সা, মদ, যৌন চাহিদা। সে তাই বুড়ি, কমবয়সী, মায়ের বয়সী, বাচ্চার বয়সী দেখে না। যখন তখন, যেখানে খুশি, যার তার সাথে খেলা করে। এইসব সম্প্রদায় কল করে এবং অজয় কলবয় সার্ভিস দিতে পাঁচতারা হোটেল, পশ এরিয়া, বস্তি সর্বত্র ঘোরে এবং জাকিয়ে সমাজ সেবার অজুহাত দেয়; সদা হাস্যমুখে, কলবয় অজয় মুখার্জি।

দশভূজা

দশ দিন ধরে আলোক সজ্জা।
পরদিন থেকে,
লোডশেডিং এর অন্ধকার গর্তে,
পড়ে মরে বাচ্চা।

তাবর তাবর ধনিক শ্রেণী,
পুজোর থীমে
ব্যস্ত তাদের দিন।

বন্যার প্লাবনের পরে,
ঘর যাদের যায় ভেসে,
তাদের স্যাঁত স্যাঁতে ঘরে,
দিয়ার বাতি নাই বা জ্বলে।

মশা, মাছি, জোঁক
আর সাপের কামড়।
ডেঙ্গু, ম্যালেরিয়া, কলেরার
উপদ্রবে,
ভুক্ত ভোগী মানুষজন,
কান্নার জলে বিসর্জন দেয়
প্রাণের মানুষকে।

দশভুজার একটিও হাত
নেইকো তাদের মাথায়।

করুণাময়ীর অপার দয়া
ধনিক শ্রেণীর মাথায়।
জীবনের কোয়ালিটি বাড়ায়।

আগমনী আসার
মাস তিনেক আগে,
মিটিং, ইটিং, চলতে থাকে,
ভাব গম্ভীর বাতা-বরণে।
সাজ সজ্জায় ভেসে উঠে,
মজার খাবার হাঁসির কলোধ্বনি
শোভা পায় মন্ডপে, মন্ডপে।

হারিয়ে যায় যে শ্রমিক শ্রেণী
সৃষ্টি করে যারা
সুন্দর মণ্ডপ ও মূর্তিকে।
তাদের জন্য আছে উপদেশ,
আমরা এইসব করছি বলে,
ওদের পেটে, চার মাস অন্ন জোটে।
বাকি আট মাস শীর্ণকায় শরীর।
সাম্যবাদে বিশ্বাসী নন আগমনী
কারণ সে যে বুর্জুয়া অধীশ্বরী।

একটা নোংরা অনঅভিজাত লোক

ওই লোকটা একটা নোংরা
অনঅভিজাত
ওকে সভ্যতার আলো দেখাতে
ফুরিয়ে গেল জীবন।

তার গায়ের নোংরা কাদা
সরাতে পরিশ্রম হয়েছে অনেক।
একটা জীবন কিছুই নয়,
এই নোংরা কীটদের
বশ মানাতে।

যুগে যুগে নহ মাতা
নহ-কন্যার মাতৃ গর্ভে,
জন্ম হয় এইসব
নোংরা কীটেদের।

সভ্যতার আলো এই সব
হাস্যময়ী লাস্যময়ী
ছলনাময়ীর জঠরে;
প্রবেশ করিতে না পারে।

এই জঠরে প্রাণ পায়
নোংরা অনঅভিজাত লোক।
এরা শিক্ষা নেয়, দ্রপদীর

বস্ত্র হরণ থেকে।
এরা নরমের উপর রাজ করে,
শক্তের পদতলে পৃষ্ঠ থাকে।
এদের কুটিল হাঁসি।
পৃথিবীর বস্ত্র-হরণ করে।

বোতল

চাহিয়া লজ্জা দিওনা মোরে,
আমার বোতল যেন সদা থাকে ভোরে।
দিন শেষে ক্লান্তির পরে,
বোতল শান্তি দেয় আমার চিত্তকে।

অর্থের সামর্থ, নাই আমার পকেটে।
লজ্জিত তাই, অংশ দিব নাই তোমাকে।
আমার উদার্য থাকিবে তোমার পরে,
বোতলের বেলায় খালি স্বার্থ থাকিবে।

হকার ও ধ্রুবতারা

ধোঁকা মারা হকার
ঘুরে বেড়ায় চতুর্দিকে
রেফারেন্স বাবু হয়ে
ঘোরে দোরে দোরে।

ডাক্তার ইঞ্জিনিয়ার
উচ্চপদস্থ ক্ষমতাশীলদের
চোখে দিতে হবে ধূলো

জ্ঞানী গুণী পন্ডিত
তোমরা ধ্রুবতারা
একা সনে বসা।

আমি এক অন্য ধরনের
হকার।
সারা শরীরে প্রয়োজনীয়
বস্তুর সম্ভারে
ট্রেনে বাসের নহি
হকার।

ধ্রুব তারাদের পায়ে
তেল দেওয়া হকার
মিষ্ট ভাষণের
চতুর হকার।

কলবয়

মনুষ্য জন্ম
শ্রেষ্ঠ জন্ম
কোথায় শ্রেষ্ঠতা
এতো জঘন্য।
প্রেমিকের নামের
কলঙ্ক।

কলবয়ের রেজিস্টার নিয়ে,
করে শারীরিক সম্পর্ক।
হাতে আসে টাকা
শরীরে ঢোকে এডড়্স
সোভ্যতা কে করে বিষাক্ত।

একি কর্ম সংস্থান,
কে দেয় উৎসাহ
মা-বাপ না ভাই-বোন !
সন্তান স্ত্রী তো দেবে না
মঞ্জুর এই কর্মকাণ্ড।

কিসের নেশায়
ছোটে যুব বৃন্দ
যদি ভালো কাজ
না জোটে,
কেন নেয় না
মৃত্যুদণ্ড।

ব্যভিচার

ব্যভিচার কাকে বলে?
সব কুকীর্তি মান্যতা
পায়, গলার জোরে।

এটা আমার শরীর,
নগ্ন করে রাখা জন্ম সিদ্ধ
অধিকার আমার।
তোমার যদি ভালো
না লাগে,
চোখ বন্ধ করো তবে।

এটা আমার শরীর
যেখানে খুশি
যখন খুশি
করিব সম্পর্ক
কি যায় আসে?

একটাই জীবন মম
বিবিধ যৌনকর্ম
করিব সমাপন।
তা যদি হয় হোক,
হোমো, হেটেরো।

শরীরের ছিদ্র অন্বেষণ,
সেইখানে কর্ম-মম।

তোমরা কেন করো
মম চরিত্রের
ছিদ্র অন্বেষণ।

আমার মধ্যবিত্ত জীবন

আমার জীবন এক
অভিশপ্ত প্রেত আত্মা।
জিন্দা লাশ হয়ে
জ্বলন্ত অঙ্গারে বসে থাকা।
জীবনে ধনাত্মকতা
নিয়ে আসার
এক প্রবল অসফল প্রচেষ্টা।

জীবনের তিনটি উপায়
কোনটাই বেছে নিইনি আমি।
এক পাগলা গারদ;
দুই স্বেচ্ছামৃত্যু;
তিন কোন সুষ্ঠ যুবকের
সাথে পলায়ন।
কোনটাই করিনি
এত ভীরু কাপুরুষ আমি।

জলন্ত অঙ্গারে বসে থেকে
দায়িত্ব পালন,
নিজেকে পাপী লাগে,
দায়িত্ব থেকে দূরে পলায়ন।

কিছুই ভালো লাগেনা আমার;
অশ্রদ্ধা, অসম্মান

নিয়ে, টিঁকে থাকা
ব্যর্থ এক জীবন।

এই জীবনে আশা
শুধু মরীচিকা-সম।
সাফল্যের চাবিকাঠি
দেয়নি বিধাতা
আমায়

সাফল্যমন্ডিত মানুষকে
দেখার, দুঃখ
দিয়েছে বিধাতা আমায়।

মনের চোখ দিয়ে ধরা
পরে, অন্যের সফলতা।
সাথে সাথে বিষদাচ্ছন্ন
করে, আমার বিফলতা।

জন্মদাতা পিতা- মাতার
উপদেশ পেয়েছি অনেক
Containment হচ্ছে
Best happiness।

এর থেকে কৃষকের ঘরে;
যদি জন্ম নিতাম
গাছপালার সাথে,
আনন্দ পেতাম।

সহজ-রাস্তা

স্বর্গে যাবার রাস্তা
সেটা সহজ নয়।
অনেক অনুশীলন,
অনেক বাধ্যবাধকতা।

সুচরিত্রের নিয়মে বাধা
এইরকম ভালো
হওয়াতে, জীবন
বলি দিতে হয়।

কি দরকার, এত জটিল
রাস্তা দিয়ে হাঁটা।
তার থেকে চলো, নরকের পথে
সেটা অনেক সহজ রাস্তা।

মুখে সদাই মিথ্যা,
পরনে ব্র্যান্ডেড জামা।
কসমেটিক সেন্ট
আর চমক জুতায়।

কত রকম নেকেড সিনেমা
মনে খুশি দেয়।
পড়াশোনা ভীষণ কঠিন
বসে থাকতে হয়।

তার থেকে ভালো
খাও পিও মোজ কর
প্রেমের বন্যা বহাও।

আদর

এ কি ধরনের আদর
প্রতিমুহূর্তে তর্জন-গর্জন
আদরের চাদরে,
স্বাধীনতা হরণ।

এর মধ্যে পায়
কি প্রকাশ
ব্যক্তি স্বাধীনতা।
ব্যক্তিত্ব বিকাশে পায় বাঁধা

পারিবারিক সাম্রাজ্যের
সদস্যের উপর রাজতন্ত্র
একেই কি বলে,
ভালোবাসা, দয়া – মায়া?

পরোপকারের ছলে
পরো উপদ্রব।
পরাধীনতার শৃংখলে
আষ্টে পিষ্টে বন্ধন।

যেতে নাহি দিব তোকে।
ফাঁদ পেতে বসে থাকি,
প্রাণপণে এই,
প্রতিজ্ঞা পালিব সর্বক্ষণ।

মডার্ন

ছাগল দাড়ি, মাথায় ঝুঁটি
হাতে গিটার নিয়ে।
কি যেন এক অভিব্যক্তি
ট্যালেন্ট প্রিটেন্ড করে।

পিয়ারর্সিং এ ভর্তি শরীর
ট্যাটু খোদাই করে,
মেয়ে মহলে হিরো সাজে
চিন্তা নেই তো কাজের।

ধনিক শ্রেণী বণিক সন্তান,
গাড়ীর তলায় চাপে
কিড়ে মকোড়ে ভাবে তাদের
সেবা নেয় যাদের।

এদের জীবন দর্শনকে
ফলো করে, হতবুদ্ধি কিশোর।
কি করবে, মা- বাবা আর
শিক্ষক সমাজ সংস্কারক।

আত্মকেন্দ্রিক আত্মবিভর
নারশিসিজমের জড়।
নিজেকে ট্যালেন্টেড ভাবে

কর্মযোগী নিঃস্বার্থ মানুষকে
ভাবে অশিক্ষিত পাগল।

চাল জানেনা, চলন জানেনা
গ্রাম্য কিম্ভূত।
এদের রক্ত চুষে
নিজের বাড়ায় জৌলুস।

সেক্সুয়ালিটির গোপনীয়তা
করে বেকুফ লোক।
ভালগারিটিকে মর্দাঙ্গি ভাবে
গলির কুত্তা লজ্জা পায় দেখে।

অঢেল অর্থব্যয়ের পরে
শেখে ইংলিশের গালি।
বিনা অর্থব্যয়ে গরিব শিশু
গণিতজ্ঞ পন্ডিত রামানুজম,
হয়ে ওঠে।

দেশের ভব্য সমাজে
পায় নাকো স্থান।
কারণ তোতার মতো
ইংলিশে ভাষণ দিতে নারে।

স্বামী

তোমাকে ভালোবাসতে
ইচ্ছে জাগে মনে।
কিন্তু তোমায় ভালোবাসবো কি?
দেখলেই মনে জাগে,
তুমি একটা এঁঠো, উচ্ছিষ্ঠ
ডাস্টবিনের নোংরা।
মুখ কালা করতে থেকেছ
রাতের অন্ধকারে।

দিনে তোমার সব চাই
সমাজ, সংসার, মান্যতা
রাতের অন্ধকারে
পাগলা এক গলির কুত্তা।

মানবিকতা দেখানো তোমার
এক কমজরিতা।
লোকের কাছে ভালো বলে
প্রকাশ পাবার ইচ্ছা।

দয়া, দান, ধর্মশীলতা
নিত্য, পূজা-পাঠে
মনের তৃপ্তুতা।

পিতা-মাতা, ভাই-বোন
শ্রদ্ধা, ভক্তি, স্নেহ, ভালবাসা
কখনো নিবৃত হওনি সেথা।

জলন্ত-তাওয়া

কিছু মানুষের জীবন
এক জলন্ত তাওয়া।
ক্রোধের আগুন
ফুলে উঠে রুটির মতো।

জীবনের জ্বলামুখী
শান্ত করিতে, ভেবে ভেবে
মরে যায়, উপায় খুঁজিতে।

www.ingramcontent.com/pod-product-compliance
Lightning Source LLC
Chambersburg PA
CBHW021020160726
47994CB00006B/2594